W0084059

Vorwort 9

1 Immer im Plus: Rechentricks und Zahlenkniffe 11

2 Geometrie: Perfekt geformt und fair geteilt 37

3 Teile und herrsche: Von Quersummen und Märchenzahlen 59

4 Guter Halt garantiert: Knoten mit System 81

5 Schnell gemerkt: So bleiben Zahlen im Kopf 113

6 Für Rechen-Profis: Das Trachtenberg-System 133

7 Mathemagisch: Zaubern mit Zahlen und Geburtsjahren 165

8 Tauschen und Teilen: Sticker sammeln mit System 191

9 Bezaubernd: Hexereien mit Würfeln, Karten und Papier 211

Quellen 239

Fünfeckbeweis 244

Lösungen 249

Glossar 274

Register 279

Holger Dambeck

Nullen machen Einsen groß

Mathe-Tricks
für alle Lebenslagen

Kiepenheuer & Witsch

Verlag Kiepenheuer & Witsch, FSC® N001512

1. Auflage 2013

© 2013, Verlag Kiepenheuer & Witsch, Köln
© SPIEGEL ONLINE GmbH, Hamburg 2013
Alle Rechte vorbehalten. Kein Teil des Werkes darf in irgendeiner Form
(durch Fotografie, Mikrofilm oder ein anderes Verfahren) ohne schriftliche
Genehmigung des Verlages reproduziert oder unter Verwendung elektronischer
Systeme verarbeitet, vervielfältigt oder verbreitet werden.
Umschlaggestaltung: Barbara Thoben, Köln
Umschlagmotiv und Cartoons im Innenteil: © Leo Leowald, Köln
Alle Grafiken und Fotos, sofern nicht anders angegeben © Holger Dambeck
Gesetzt aus der Minion und der News Gothic
Satz: Buch-Werkstatt GmbH, Bad Aibling
Druck und Bindung: CPI – Clausen & Bosse, Leck
ISBN 978-3-462-04511-6

Vorwort

Immer wieder müssen wir im Alltag mathematische Probleme lösen, die uns viel Zeit kosten. Manchmal macht das Spaß, doch mitunter sind wir einfach nur genervt. Geht das nicht auch ein bisschen schneller? Muss das wirklich so kompliziert sein?

Aber der Mensch ist erfinderisch! Im Laufe der Jahrhunderte haben raffinierte Denker viele Kniffe und Tricks entwickelt, mit denen wir Zahlen, Dreiecke und Kreise viel leichter in den Griff bekommen. Und genau darum soll es in diesem Buch gehen.

Sie werden geniale Abkürzungen kennenlernen, um bei einer Aufgabe wie 3238×5 sofort das Ergebnis hinschreiben zu können. So viel kann ich hier schon verraten: Mal 5 wird dabei kein einziges Mal gerechnet, sondern nur durch 2. Mit den Zahlentricks aus diesem Buch rechnen Sie oft schneller als mit dem Taschenrechner. Und selbst wenn die Kunststücke mal etwas länger dauern sollten – sie machen einfach mehr Spaß als das Eintippen am Rechner.

Ich werde Ihnen zudem zeigen, wie Sie Streit auf einem Kindergeburtstag um eine unfair geteilte Pizza verhindern – mit Zirkel, Lineal und Bleistift! Damit können Sie Torten wie Pizzen exakt in 5, 6, 8 oder auch 10 gleich große Stücke teilen. Sie werden sogar lernen, wie man einen beliebigen Winkel dank Origami exakt drittelt.

Viele der Rechentricks aus diesem Buch stammen aus einer Zeit, in der es weder Rechenstäbe noch Taschenrechner oder Computer gab. Damals waren die Menschen gezwungen, entweder im Kopf oder schriftlich zu rechnen. Umso dankbarer waren alle, die viel mit Zahlen zu tun hatten, für geniale Abkürzungen, die einem das umständliche und fehlerträchtige Zahlenjonglieren ersparten.

Eine verblüffende Methode zum Schnellrechnen stammt von dem russischen Genie Jakow Trachtenberg. Entwickelt wurde sie in den 1940er-Jahren, 20 Jahre später gab es einen regelrechten Hype darum. Aber bald danach verschwand die Trachtenberg-Methode in der Versenkung. Sie ist wohl auch ein Opfer der Tisch- und Taschenrechner und des konservativen Mathematikunterrichts, der damals wie heute das klassische schriftliche Rechnen propagierte. Im 6. Kapitel können Sie sich selbst ein Bild von dem Rechenschema machen, das an Zauberei erinnert.

Zauberei ist ein gutes Stichwort: Gleich in zwei Kapiteln beschreibe ich Magie, die auf Mathematik beruht. Es geht darin nicht nur um das Vorhersagen einer Zahl, die sich ein Zuschauer ausgedacht hat. Sondern auch um allerlei Hexereien mit Würfeln, Papier, Geld, Dominosteinen und Spielkarten. Es sind so viele Tricks, dass Sie damit eine eigene kleine Mathe-Zaubershow veranstalten können.

Wie in meinen beiden vorherigen Büchern »Numerator« (2010) und »Je mehr Löcher, desto weniger Käse« (2012) habe ich für dieses Buch spannende mathematische Rätsel zusammengestellt, an denen Sie sich ausprobieren können. Sie finden diese am Ende jedes Kapitels. An der Zahl der Sterne von * bis **** können Sie den Schwierigkeitsgrad erkennen.

»Nullen machen Einsen groß« heißt dieses Buch. Der Titel ist nicht nur doppeldeutig – er hilft Ihnen sogar beim Lösen des folgenden kleinen Zahlenrätsels: Welche beiden Streichhölzer müssen Sie umlegen, damit die folgende Gleichung stimmt?

Ich mag solche Knobelaufgaben, weil sie Zahlen und Geometrie zusammenbringen und kreative Ideen fördern. Haben Sie die Lösung schon gefunden? Aus den beiden Achten auf der rechten Seite können Sie im Handumdrehen zwei Nullen machen, indem Sie jeweils das mittlere, waagerechte Hölzchen wegnehmen. Aus diesen zwei Hölzern legen Sie anschließend links neben die Nullen eine Eins. Und siehe da – die Gleichung stimmt: $77 + 23 = 100$.

Ich wünsche Ihnen viel Spaß beim Lesen und hoffe, dass Sie genau wie ich immer wieder darüber staunen, wie trickreich und genial Mathematik ist.

Holger Dambeck

Ihre Meinung ist gefragt

Haben Sie Hinweise zu diesem Buch oder einen Fehler entdeckt? Ich freue mich über Ihre Rückmeldung! Sie erreichen mich unter der E-Mail-Adresse holger.dambeck@gmail.com oder über meine Homepage http://hdambeck.de.

Besuchen Sie bitte auch meine Webseite zu diesem Buch: http://hdambeck.de/Nullen-Einsen/ Dort finden Sie Ergänzungen und Erläuterungen.

Immer im Plus:
Rechentricks und
Zahlenkniffe

Wir lernen das Einmaleins in der Schule – und später das schriftliche Addieren und Multiplizieren. Leider kein Schulstoff sind die vielen verblüffenden Rechentricks, die Menschen im Laufe der Jahrhunderte entwickelt haben, um sich das Jonglieren mit Zahlen zu erleichtern.

Eigentlich wollte ich dieses Kapitel gar nicht schreiben. Denn darin geht es ums Rechnen – und das hat für mich mit Mathematik nicht allzu viel zu tun. Mir fehlt einfach das kreative Element beim Büffeln von Zahlenkolonnen.

Trotzdem fängt dieses Buch mit einem Kapitel über Zahlen und Rechnen an, und das hat gute Gründe. Man kann nämlich durchaus intelligent rechnen und dabei elegante Wege gehen. Man muss sich dazu nur die Zahlen etwas genauer anschauen.

Nehmen wir zum Beispiel die Multiplikation 19 mal 19. Ich weiß nicht, wie es Ihnen geht, aber ich würde da instinktiv den Taschenrechner zücken. Doch es gibt einen verblüffenden Trick, der die im Kopf sperrige Rechnung deutlich vereinfacht. Wir addieren zur ersten 19 die Zahl 1 hinzu und erhalten 20. Bei der zweiten 19 ziehen wir 1 ab und bekommen 18. Dann multiplizieren wir 18 mit 20 – was nicht allzu schwer ist, das Ergebnis lautet 360. Zu dieser Zahl addieren wir dann noch $1 \times 1 = 1$ hinzu und haben somit das Endergebnis von 361.

Hier noch mal die Rechnung in übersichtlicher Form:

$$
\begin{aligned}
19 \times 19 &= (19+1) \times (19-1) + 1 \times 1 \\
&= 20 \times 18 + 1 \\
&= 360 + 1 \\
&= 361
\end{aligned}
$$

Dieser Trick funktioniert auch beim Quadrat von 22:

$$22 \times 22 = (22+2) \times (22-2) + 2 \times 2$$
$$= 24 \times 20 + 4$$
$$= 480 + 4$$
$$= 484$$

Vielleicht haben Sie den Trick schon längst durchschaut. Er hat mit einer binomischen Formel zu tun und mit der Suche nach einer glatten Zahl – dazu gleich mehr. Auf den nächsten Seiten werden Sie noch mehr solcher Kniffe kennenlernen und auch verstehen, wie sie funktionieren.

Bei der Recherche für dieses Kapitel hat mir das Internet nicht allzu viel geholfen. Ich musste stattdessen in Bibliotheken gehen. Abgesehen von zwei neuen Büchern zum Thema Rechentricks, sind die meisten Werke schon 50, 60 Jahre alt.

Das ist auch kaum verwunderlich. Als es noch keine Taschenrechner gab, waren Kopfrechnen und schriftliches Rechnen völlig normal. Vor allem kompliziertere Kalkulationen waren eine große Herausforderung – und natürlich auch fehlerträchtig. Deshalb waren alle Tricks willkommen, mit denen man sich das Rechnen erleichtern konnte.

Ich bin immer noch verblüfft, wie viele raffinierte Tricks es gibt. Es sind so viele, dass man ein und dieselbe Aufgabe mitunter gleich auf mehreren Wegen elegant und einfach lösen kann. Schade, dass diese Tricks in der Schule kaum Thema sind. Denn sie könnten Kindern zeigen, dass Zahlen ein spannendes Abenteuer sind und keine dröge Pflichtaufgabe.

Zehnerpäckchen

Rechnen bedeutet in der Regel, mehrere Einzelschritte nacheinander auszuführen. Oft kommt es dabei nicht darauf an, mit welchem Schritt ich beginne und mit welchem ich aufhöre. Das eröffnet uns Möglichkeiten, Rechnungen radikal zu vereinfachen, wie das Beispiel der Zehnerpäckchen zeigt.

Nehmen wir die simple Addition

$$7 + 2 + 5 + 13 + 8$$

Sie können die Zahlen in der Reihenfolge, wie sie dastehen, addieren. Oder aber Sie schauen sie sich erst einmal genauer an. Dann entdecken Sie schnell, dass 2 und 8 sowie 7 und 13 wunderbar zusammenpassen. Sie ergeben gemeinsam 10 und 20. Zählt man noch die 5 hinzu, erhält man 35 und ist fertig. Eine clevere Methode, die gut funktioniert, solange nicht zu viele Summanden im Spiel sind, weil man dann womöglich die Übersicht verliert, welche Zahlen man schon addiert hat und welche noch fehlen.

Mit 10 zu rechnen, fällt uns leicht. Das gilt auch fürs Multiplizieren, wo wir ebenfalls Zahlen geschickt umsortieren können. Die Aufgabe

$$46 \times 35$$

lässt sich bequem im Kopf rechnen, wenn man die Zahlen neu ordnet. In 35 steckt der Faktor 5, in der 46 der Faktor 2. Und 5 mal 2 ergibt 10. Wir können also schreiben:

$$46 \times 35 = 23 \times 2 \times 5 \times 7$$
$$= 23 \times 7 \times 10$$

23×7 bekomme ich im Kopf gerade noch so hin – es ist $140 + 21 = 161$. Also lautet das Ergebnis:

$$46 \times 35 = 1610$$

Man hätte übrigens auch gleich schreiben können

$$46 \times 35 = 23 \times 70$$

Mit dem geschickten Umsortieren von Zahlen machte übrigens auch der junge Carl Friedrich Gauß (1777–1855) auf sich aufmerksam. Sein Lehrer hatte die Aufgabe gestellt, die Zahlen von 1 bis 100 aufzusummieren.

$$1 + 2 + 3 + 4 + 5 + \ldots + 97 + 98 + 99 + 100$$

Der siebenjährige Gauß gruppierte die Zahlen zu Paaren, die gemeinsam jeweils 101 ergeben.

$$(1 + 100) + (2 + 99) + (3 + 98) + \ldots (50 + 51)$$

Er arbeitete also mit 101er-Päckchen. So brauchte das junge Mathegenie nur 50×101 zu rechnen und kam auf das richtige Ergebnis 5050.

Multiplikation mit 5

Kommen wir nun zu einfachen Multiplikationen, die uns im Alltag immer wieder begegnen. Was ist beispielsweise 74×5? Das Ergebnis dieser Aufgabe habe ich wahrscheinlich schneller hingeschrieben, als Sie die Zahlen in Ihren Taschenrechner tippen können: 370.

Wie geht der Trick? Er nutzt ebenfalls die 10. Wenn wir eine Zahl mit 5 multiplizieren, können wir auch ihre Hälfte verzehnfachen – also $1/2 \times 10$ rechnen. Solange eine Zahl gerade ist, macht das keine Probleme. Ich halbiere die Zahl und hänge eine Null an:

$$34 \times 5 = 17 \times 10 = 170$$
$$46 \times 5 = 23 \times 10 = 230$$

Das klappt übrigens auch mit Geldbeträgen:

$$34,98 \ € \times 5 = 17,49 \ € \times 10 = 174,90 \ €$$

Was tue ich aber, wenn die Zahl ungerade ist? Etwa bei 27×5? Ich halbiere die 27 und komme auf 13 Rest 1. An die 13 hänge ich dann aber keine 0 an, sondern eine 5. Und das mache ich immer, wenn das Halbieren nur mit Rest klappt.

$$27 \times 5 = 13 \times 10 + 5 = 130 + 5 = 135$$
$$45 \times 5 = 22 \times 10 + 5 = 220 + 5 = 225$$

Gruppen sehen

Bei zweistelligen, vielleicht auch noch bei dreistelligen Zahlen, bereitet es kaum Probleme, diese im Kopf zu halbieren. Bei größeren Zahlen, fünfstelligen beispielsweise wie 34588, wird das schon schwieriger. Hier hilft es ungemein, die Zahl in leicht rechenbare Gruppen aufzuspalten. Ich setze einfach senkrechte Striche zwischen die Ziffern und multipliziere dann jede Gruppe separat mit 5. Das heißt, ich halbiere sie und hänge ganz am Ende eine 0 an – oder eine 5, falls die letzte Ziffer ungerade ist.

Aus 34588×5 wird dann:

$$34 \mid 58 \mid 8 \times 5 = 17 \mid 29 \mid 40 = 172940$$

Sie ahnen schon, worauf das Ganze hinausläuft: Wer geschickt rechnen will, muss genau hinschauen. Noch schnell ein zweites Beispiel:

$$249857830583 \times 5 =$$
$$24 \mid 98 \mid 578 \mid 30 \mid 58 \mid 3 \times 5 =$$
$$12 \mid 49 \mid 289 \mid 15 \mid 29 \mid 15 =$$
$$1249289152915$$

Die letzte Rechnung verdeutlicht, dass der Trick dann am besten funktioniert, wenn meine Ausgangszahl viele gerade Ziffern enthält, sodass ich möglichst immer Zweierpäckchen bilden kann, die geradzahlig sind.

Wenn dann doch mal vier ungerade Ziffern aufeinander folgen, wird die Rechnung etwas schwieriger, aber sie funktioniert trotzdem. Beispiel 249857330583 – hier ist im Vergleich zur eben untersuchten Zahl aus der Ziffer 8 an siebenter Stelle eine 3 geworden. Aus den ursprünglichen Päckchenzahlen 578 und 30 wird dann 57 und 330. Das Päckchen 57 ergibt halbiert 28 Rest 1 – ich muss also eine 5 ins Päckchen rechts daneben verschieben. Dort steht eigentlich 165 (die Hälfte von 330), aber es kommt ganz links noch eine 5 hinzu, die wir zu der 1 aus der 165 addieren müssen. Daher wird aus 165 schließlich 665:

$$249857330583 \times 5 =$$
$$24 \mid 98 \mid 57 \mid 330 \mid 58 \mid 3 \times 5 =$$
$$12 \mid 49 \mid 28 + \text{Rest } 1 \mid 165 \mid 29 \mid 15 =$$
$$12 \mid 49 \mid 28 \mid (5+1)65 \mid 29 \mid 15 =$$
$$1249286652915$$

Der Gruppierungstrick funktioniert übrigens nicht nur beim Multiplizieren mit 5, sondern auch mit anderen einstelligen Faktoren.

$$523 \times 3 = 5 \mid 23 \times 3 = 15 \mid 69 = 1569$$

$$816 \times 6 = 8 \mid 16 \times 6 = 48 \mid 96 = 4896$$

$$911 \times 8 = 9 \mid 11 \times 8 = 72 \mid 88 = 7288$$

Die Rechnung wird anspruchsvoller, wenn aus einem Zweierpäckchen ganz rechts nach dem Multiplizieren eine dreistellige Zahl entsteht – dann muss man sich Zahlen merken. Im Beispiel 523×8 wird aus der zweistelligen Zahl 23 nach der Multiplikation mit 8 eine dreistellige – nämlich 184. Die 84 bleiben ganz rechts im Ergebnis stehen – die 1 addieren wir zur Gruppe links daneben hinzu:

$$523 \times 8 = 5 \mid 23 \times 8 = 40 \mid 184 =$$
$$= 4(0+1) \mid 84 =$$
$$= 4184$$

Multiplikation mit 9, 18, 27

Beim Faktor 9 ist die Sache klar: Ich multipliziere die Ausgangszahl mit 10 und ziehe dann davon wieder ein Zehntel ab.

$$53 \times 9 = 530 - 53$$
$$= 477$$

Wenn Sie ein Vielfaches von 18 oder 27 berechnen wollen, multiplizieren Sie mit 20 beziehungsweise 30 und subtrahieren vom Ergebnis ebenfalls ein Zehntel, denn 2 beziehungsweise 3 sind ein Zehntel von 20 beziehungsweise 30.

$$53 \times 18 = 1060 - 106$$
$$= 954$$

$$53 \times 27 = 1590 - 159$$
$$= 1431$$

Multiplikation mit 25

Bei der 5 halbieren wir die Zahl und rechnen mal 10, beim Multiplizieren mit 25 vierteln wir sie und rechnen mal 100.

$$16 \times 25 = 16 \times \frac{1}{4} \times 100 = 400$$

$$84 \times 25 = 21 \times 100 = 2100$$

Wenn die Zahl nicht glatt durch 4 teilbar ist, addieren wir ganz zum Schluss das 25-Fache des Restes hinzu.

$$17 \times 25 = (4 \text{ Rest } 1) \times 100 = 400 + 25 = 425$$

$$83 \times 25 = (20 \text{ Rest } 3) \times 100 = 2075$$

Mit etwas Geschick können wir auch größere Zahlen mit 25 multiplizieren:

$$327 \times 25 = (324 + 3) \times 25$$
$$= 81 \times 100 + 3 \times 25$$
$$= 8175$$

$$65281 \times 25 = (16000 + 320) \times 100 + 1 \times 25$$
$$= 1632025$$

Sollten Sie mal in die Verlegenheit kommen, eine Zahl mit 2,5 multiplizieren zu müssen, wissen Sie nun auch, wie das geht: Sie teilen wie beim Faktor 25 erst durch 4 und rechnen dann mal 10 statt mal 100.

Multiplikation mit 11

Fast schon ein Klassiker ist das Rechnen mal 11. Besonders leicht geht das bei zweistelligen Zahlen. Was ist 43 mal 11? Das Ergebnis ist eine dreistellige Zahl. Ganz links steht die 4, ganz rechts die 3. Und in der Mitte die Summe aus 4 und 3, also 7.

$$43 \times 11 = 4(4+3)\,3 = 473$$

Diese Rechnung funktioniert wunderbar, solange die Summe der beiden Ziffern einstellig ist.

$$54 \times 11 = 5(5+4)\,4 = 594$$

$$81 \times 11 = 8(8+1)\,1 = 891$$

Wenn die Summe zweistellig wird, ist das aber auch nicht weiter dramatisch, dann muss ich mir nur ihre linke Ziffer, das kann nur eine 1 sein, merken. Diese 1 addiere ich dann zur Ziffer ganz links hinzu:

$$68 \times 11 = 6(6+8)\,8 = 6(14)\,8$$
$$= (6+1)4\,8 = 748$$

Leider haben wir es aber nicht immer nur mit zweistelligen Zahlen zu tun, die wir mit 11 multiplizieren wollen. Doch auch Zahlen mit drei und mehr Ziffern stellen uns nicht vor allzu große Probleme. Beim klassischen schriftlichen Malnehmen müsste ich zwei Zahlen untereinanderschreiben und addieren.

$$\begin{array}{r} 368345 \times 11 \\ \hline 368345 \\ + 368345 \\ \hline = 4051795 \\ \hline \end{array}$$

Wir erledigen das aber nun in einem Schritt. Das geht nicht nur schneller als bei der schriftlichen Methode – mit etwas Übung sind wir sogar schneller als mit dem Taschenrechner.

Der Rechenweg ist der folgende: Wir setzen links eine Null vor die Zahl und schreiben dann unter jede Ziffer die Summe aus dieser Ziffer und der rechts daneben. Ganz rechts bei der 5 gibt es keine Ziffer rechts daneben, also ist das erste Ergebnis 5.

0368345×11
5

Unter die 4 schreiben wir $4 + 5 = 9$.

0368345×11
95

Unter die 3 kommt $3 + 4 = 7$

0368345×11
795

Die nächste Summe lautet $8 + 3 = 11$, wir notieren die 1 und merken uns 1 für die Ziffer daneben.

0368345×11
[1] 1795

Danach folgen $6 + 8 + 1$ (gemerkt) $= 15$, also 5 und 1 gemerkt, sowie $3 + 6 + 1 = 10$, was 0 und 1 gemerkt entspricht, und schließlich $0 + 3 + 1 = 4$. Das Ergebnis lautet:

0368345×11
4051795

Multiplikation mit 12

Was mit 11 klappt, funktioniert in abgewandelter Form auch mit 12. Ich rechne dann nicht *Ziffer darüber plus Ziffer daneben,* sondern *zweimal Ziffer darüber plus Ziffer daneben.* Wir bleiben bei unserem Beispiel 368345 und beginnen mit $2 \times 5 = 10$, eine Ziffer daneben gibt es nicht. Also bleibt es bei 0 und 1 gemerkt.

0368345×12
$^1 0$

Dann folgt $2 \times 4 + 1 + 5 = 14$, also 4 und 1 gemerkt.

0368345×12
$^1 40$

Weiter geht's mit $3 \times 2 + 1 + 4 = 11$.

0368345×12
$^1 140$

Nun folgt $2 \times 8 + 1 + 3 = 20$.

0368345×12
$^2 0140$

$2 \times 6 + 2 + 8$ ist 22, also schreiben wir unter die 6 eine 2 und merken uns 2.

0368345 × 12
² 20140

Es folgt 3 × 2 + 2 + 6 = 14, also 4 und 1 gemerkt.

0368345 × 12
¹ 420140

Und ganz vorn ergibt sich 1 + 3 = 4. Damit sind wir mit der Multiplikation mal 12 fertig.

0368345 × 12
4420140

Wenn Sie Spaß an dieser Art des Multiplizierens mit 11 und 12 haben: In Kapitel 6 stelle ich Ihnen die Trachtenberg-Schnell-rechenmethode vor, mit der Sie auf ganz ähnliche Weise auch mal 8 oder mal 7 rechnen können.

Multiplikation mit 15

Der Faktor 15 erscheint auf den ersten Blick unhandlich, aber wenn wir ihn in die Summanden 10 und 5 zerlegen, wird die Rechnung ganz einfach. Mal 5 heißt ja bekanntlich, die Hälfte verzehnfachen. Mal 15 heißt dann, die Zahl plus ihrer Hälfte verzehnfachen.

$$34 \times 15 = (34 + 17) \times 10 = 51 \times 10 = 510$$

$$436 \times 15 = (436 + 218) \times 10 = 654 \times 10 = 6540$$

Sollte die Zahl nicht gerade sein, addieren wir zur ursprünglichen Zahl ihre ganzzahlige Hälfte und hängen dann statt der 0 eine 5 an das Ergebnis.

$$437 \times 15 = (437 + 218) \times 10 + 5 = 655 \times 10 + 5$$

Das Ergebnis lautet 6555.

Mitunter ist es aber leichter, beim Multiplizieren mit 15 anders vorzugehen. Wenn die Zahl durch 2 teilbar ist, halbiere ich sie und rechne dann mal 30.

$$16 \times 15 = 8 \times 30 = 240$$

Sollte die Zahl ungerade sein, nehme ich ihre ganzzahlige Hälfte mal 30 und addiere am Schluss noch 15.

$$19 \times 15 = 9 \times 30 + 15 = 285$$

Diese Aufgabe könnte man natürlich auch noch lösen, indem man die 15 mit 20 multipliziert und vom Ergebnis dann 15 wieder abzieht.

$$19 \times 15 = 20 \times 15 - 15 = 300 - 15 = 285$$

Sie sehen: Es gibt oft mehrere Wege, eine Rechnung elegant abzukürzen. Welchen Sie wählen, ist manchmal auch Geschmackssache. Aber je mehr solcher Kniffe Sie kennen, umso kreativer können Sie rechnen.

Quadrate und Kubikzahlen

Beim nächsten Trick geht es ums Quadrieren. Sie erinnern sich an das Beispiel gleich zu Beginn des Kapitels:

$$19 \times 19 = (19+1) \times (19-1) + 1 \times 1$$
$$= 20 \times 18 + 1$$
$$= 361$$

Sie können mit dieser Methode beliebige zweistellige Zahlen leicht im Kopf quadrieren, wie 85×85 oder 27×27.

$$85 \times 85 = (85+5) \times (85-5) + 5 \times 5$$
$$= 90 \times 80 + 25$$
$$= 7225$$
$$27 \times 27 = (27+3) \times (27-3) + 3 \times 3$$
$$= 30 \times 24 + 9$$
$$= 729$$

Natürlich könnten Sie 85×85 auch schnell in den Taschenrechner eintippen. Aber mit einem Trick macht das Rechnen viel mehr Spaß – und zudem werden Ihre Kollegen oder Mitschüler Augen machen, wenn sie mitbekommen, was Sie mal eben so im Kopf kalkulieren.

Wie schon zu Beginn erwähnt, basiert die Methode auf der binomischen Formel

$$a^2 - b^2 = (a+b) \times (a-b)$$

Wenn wir das b^2 auf die andere Seite der Gleichung bringen, haben wir genau den Rechenweg von oben hergeleitet.

$$a^2 = (a+b) \times (a-b) + b^2$$

Das Prinzip der Methode ist, aus a durch Addieren oder Subtrahieren einer Zahl b eine glatte, durch 10 teilbare Zahl zu machen, mit der wir gut kalkulieren können.

Prinzipiell eignet sich die Formel auch für drei- oder vierstellige Zahlen. Der Abstand b der Zahl zur nächsten glatten Zahl sollte aber nicht zu groß sein, damit die Rechnung nicht zu kompliziert wird. Schließlich müssen Sie immer auch b^2 ausrechnen. Beim folgenden Beispiel fällt uns das zum Glück nicht schwer:

$$391 \times 391 = 400 \times 382 + 9 \times 9$$
$$= 160.000 - 8000 + 800 + 81$$
$$= 152.881$$

Bei weniger handlichen Zahlen, etwa
$667 \times 667 = 700 \times 634 + 33^2$, würde ich dann doch lieber den Taschenrechner zücken.

Was bei Quadratzahlen klappt, funktioniert auf ähnliche Weise auch bei Kubikzahlen. Der Trick basiert auf folgender Formel:

$$a^3 = (a-b) \times a \times (a+b) + a \times b^2$$

Ganz so einfach wie bei den Quadraten ist die Rechnung leider nicht, wir müssen ja mit 3 statt mit 2 Faktoren arbeiten. Auch hier geht es darum, durch geschicktes Addieren beziehungsweise Subtrahieren auf durch 10 teilbare Zahlen zu kommen.

$$13^3 = (13-3) \times 13 \times (13+3) + 13 \times 3^2$$
$$= 10 \times 13 \times 16 + 9 \times 13$$
$$= 10 \times (160+48) + 117$$
$$= 2080 + 117$$
$$= 2197$$

Zahl endet auf 5

Die Rechentricks, die Sie bis zu dieser Stelle kennengelernt haben, waren im Grunde alle von allgemeiner Art. Das heißt: Sie funktionieren ausnahmslos für alle Zahlen, die Sie zum Beispiel mit 11, 12 oder 15 multiplizieren. Zahlen sind jedoch sehr verschieden. Manche sind sperrig, mit anderen rechnet es sich leichter. Wenn man das weiß, kann man es geschickt nutzen.

Die Kniffe, die ich Ihnen nun vorstellen möchte, klappen leider nur bei ganz speziellen Rechenoperationen und Zahlenkonstellationen. Aber sie sind genial – und deshalb gehören sie unbedingt in dieses Kapitel.

Wie man Zahlen mit einer binomischen Formel geschickt quadriert, wissen Sie bereits. Falls die Zahl auf 5 endet, brauchen Sie diese Formel aber nicht einmal. Wenn Sie 35 mal 35 ausrechnen wollen, nehmen Sie einfach die 3 und multiplizieren sie mit $3+1=4$. Hinter das Ergebnis 12 schreiben Sie dann 5 mal $5=25$, und schon sind Sie fertig!

$$35 \times 35 = (3 \times 4)25$$
$$= 1225$$

Die Methode funktioniert auch bei dreistelligen Zahlen:

$$115 \times 115 = (11 \times 12)25$$
$$= 13225$$

Warum klappt das Ganze? Wenn wir die auf 5 endende Zahl in der Form $10a + 5$ schreiben, dann ist ihr Quadrat:

$$(10a + 5)^2 = 100a^2 + 2 \times 10a \times 5 + 25$$
$$= 100a^2 + 100a + 25$$
$$= 100a \times (a + 1) + 25$$

Der letzte Ausdruck entspricht genau der Rechenvorschrift dieser Methode. Ich multipliziere a mit a + 1 und hänge dann 25 an.

Zehner oder Einer gleich

Hübsch finde ich auch den noch spezielleren Fall, dass bei einem Produkt von zweistelligen Zahlen die Zehner gleich sind und die Einer zusammen 10 ergeben. Zum Beispiel 32 mal 38. Der Rechenweg ist im Grunde genauso wie beim Quadrat von Zahlen, die auf 5 enden. Zuerst multipliziere ich 3 mit (3 + 1) und erhalte 12. Und an das Ergebnis hänge ich im zweiten Schritt 2 mal 8 = 16 an.

$$32 \times 38 = (3 \times 4)(2 \times 8)$$
$$= 1216$$

Ein zweites Beispiel:

$$61 \times 69 = (6 \times 7)(1 \times 9)$$
$$= 4209$$

Wichtig ist, dass das Produkt der Einer immer aus zwei Stellen besteht. Hier ist es mit 9 ja eigentlich einstellig, wir müssen aber noch eine 0 davorschreiben, damit das richtige Ergebnis herauskommt. Auch dreistellige Produkte lassen sich mit diesem Verfahren berechnen:

$$123 \times 127 = (12 \times 13)(3 \times 7)$$
$$= 15621$$

Diese Rechenregel setzt voraus, dass die Einer sich zu 10 ergänzen und die Stellen ab den Zehnern gleich sind. Zugegebenermaßen ist das ein spezieller Fall – aber wenn Ihnen eine solche Multiplikation mal unterkommt, wissen Sie, wie sie elegant gelöst wird.

Es gibt aber auch den umgedrehten Fall: Die Zehner ergänzen sich zu 10 und die Einer sind gleich. Nehmen wir das Produkt von 33 und 73. Der Rechentrick geht folgendermaßen: Wir multiplizieren die Zehner, also 3 mal 7 = 21, und addieren dazu die Einerziffer 3. An das Ergebnis 24 hängen wir dann zweiziffrig das Quadrat der Einer.

$$33 \times 73 = (3 \times 7 + 3)(3 \times 3)$$
$$= 2409$$

Ein anderes Beispiel:

$$44 \times 64 = (24 + 4)(16)$$
$$= 2816$$

Warum die Rechenwege bei gleichem Einer oder gleichem Zehner funktionieren, können Sie selbst herausfinden. Es sind die Aufgaben 3 und 4 am Ende dieses Kapitels – die Lösungen finden Sie im Anhang.

Faktoren nahe 100

Für Produkte wie 102 mal 107 gibt es eine verblüffende Methode, bei der man kaum rechnen muss. Beide Zahlen müssen knapp über 100 liegen. Dann kann ich das Ergebnis folgendermaßen aufschreiben: Ich addiere zu der einen Zahl den Hunderter-Überschuss der anderen, also $102 + 7 = 109$. Und an das Ergebnis hänge ich zweistellig das Produkt $2 \times 7 = 14$. Fertig.

$$102 \times 107 = (102 + 7)(2 \times 7)$$
$$= 10914$$
$$108 \times 109 = (108 + 9)(8 \times 9)$$
$$= 11772$$

Wenn beide Zahlen knapp unter 100 liegen, gehe ich ganz ähnlich vor.

Wir wählen als Beispiel 98 mal 96. Zuerst ziehe ich von der ersten Zahl 98 die Differenz der zweiten Zahl zu 100 ab, also $98 - 4 = 94$. Dahinter setze ich dann zweistellig das Produkt $(100 - 98) \times (100 - 96)$, also das Produkt der sogenannten Hundererergänzungen. In diesem Fall ist es $2 \times 4 = 8$.

$$98 \times 96 = (98-4)(2 \times 4)$$
$$= 9408$$

$$91 \times 97 = (91-3)(9 \times 3)$$
$$= 8827$$

Schnapszahl mal 9

Zum Schluss dieses Kapitels möchte ich Ihnen noch einen einfachen Trick mit Schnapszahlen vorstellen. 33 oder 222 fallen in diese Kategorie. Mit diesem Trick ist es ein Kinderspiel, eine solche zifferngleiche Zahl mit 9 zu multiplizieren.

Rechnen wir zum Beispiel 8888×9. Wir nehmen die 8 ganz rechts weg und multiplizieren sie mit 9. Das Ergebnis ist 72. Zwischen die 7 und die 2 setzen wir dann so viele Neunen, wie noch Achten geblieben sind. In diesem Fall sind es drei. Und schon sind wir fertig.

$$8888 \times 9 = 7 \mid 999 \mid 2$$
$$= 79992$$
$$666666666 \times 9 = 5 \mid \text{achtmal Ziffer } 9 \mid 4$$
$$= 5 \mid 99999999 \mid 4$$
$$= 5999999994$$

Die Erklärung für diese Methode, die bei jeder Schnapszahl funktioniert, sollen Sie selbst finden – in Aufgabe 5!

Puh, das waren jetzt viele Zahlen. Ich hoffe aber, Sie haben so wie ich immer wieder gestaunt, auf welch verrückte Weise man sich Kalkulationen vereinfachen kann. Wichtig dabei ist, sich die Zahlen immer erst genau anzuschauen, bevor man loslegt. Also erst denken – dann rechnen.

Wenn Sie noch mehr Zahlentricks kennenlernen möchten, empfehle ich Ihnen dazu Kapitel 6, in dem es unter anderem um die Kreuzmultiplikation und um die Trachtenberg-Methode geht.

Damit Ihre grauen Zellen nicht zu einseitig beansprucht werden, tauchen wir im nächsten Kapitel in die faszinierende Welt der Geometrie ein.

Aufgaben

Aufgabe 1 *
Die Summe von vier natürlichen Zahlen ist eine ungerade Zahl.
Beweisen Sie, dass das Produkt dieser vier Zahlen dann eine
gerade Zahl ist.

Aufgabe 2 * *
Karin hat 7 Tafeln Schokolade: 4 Vollmilch, 2 Zartbitter und 1 Nuss.
Sie möchte 3 Tafeln ihrem Freund geben und 4 behalten. Wie viele
Varianten gibt es?

Aufgabe 3 * * *
Beweisen Sie folgenden Rechentrick für die Multiplikation zweier
zweistelliger Zahlen, deren Zehner gleich sind und deren Einer
zusammen 10 ergeben. Wir rechnen Zehner × (Zehner + 1) und
hängen daran zweistellig das Produkt der beiden Einer an.

Aufgabe 4 * * *
Die Zehner zweier zweistelliger Zahlen ergänzen sich zu 10,
die Einer sind gleich. Warum funktioniert folgender Trick zur
Berechnung des Produkts? Wir multiplizieren die Zehner und
addieren dazu die Einerziffer. An das Ergebnis hängen wir dann
zweiziffrig das Quadrat der Einer.

Aufgabe 5 * * * *

Beweisen Sie den Rechentrick für die Multiplikation einer Schnapszahl mit 9:

$8888 \times 9 = 7 \mid 999 \mid 2$
$\qquad = 79992$

Geometrie:
Perfekt geformt und
fair geteilt

Wie zeichne ich ein Ei oder ein regelmäßiges Pentagon? Und kann man ein Pizzastück überhaupt gerecht dritteln? Die Geometrie ist eines der schönsten Teilgebiete der Mathematik. Wer sie gut beherrscht, braucht sich vor keinem Kindergeburtstag mehr zu fürchten.

Es war kurz vor Ostern, und in einem Matheblog tauchte ein spannendes Thema auf, mit dem ich mich bis dahin noch nie beschäftigt hatte: Wie zeichnet man eigentlich ein Ei? Reicht ein Zirkel aus? Oder brauche ich vielleicht einen Faden wie bei der Konstruktion einer Ellipse? Was charakterisiert die Ei-Form überhaupt?

Eier: Mischung aus Kugel und Ellipsoid?

Wenn wir uns Hühnereier genauer anschauen, merken wir schnell, dass keins wie das andere ist. Manche sind spitzer, andere gehen fast schon in die Richtung einer Kugel. Aber zumindest eine Gemeinsamkeit haben die Umrisse von Hühnereiern: Es gibt nur eine Symmetrieachse, die in Längsrichtung verläuft. Das unterscheidet Eier von Ellipsen, die man als platt gedrückte Kreise betrachten kann. Ellipsen haben zwei Symmetrieachsen.

Die dickere Unterseite eines Eis ist nahezu wie ein Halbkreis geformt. Der spitzere Oberteil hingegen könnte von einer Ellipse stammen. Diese Beschreibung liefert uns schon eine erste Möglichkeit zur Konstruktion eines Eis. Wir zeichnen mit Bleistift eine Ellipse, radieren die Hälfte davon wieder weg und fügen an diese Stelle einen Halbkreis hinzu – siehe Zeichnung unten.

Ellipse zeichnen

Sie wissen sicher, wie man eine Ellipse konstruiert. Sie nehmen zwei Reißzwecken und stecken sie nebeneinander ins Papier (am besten zwei Pappen darunterlegen, damit die Tischplatte heil bleibt). Dann schneiden Sie sich ein Stück Faden

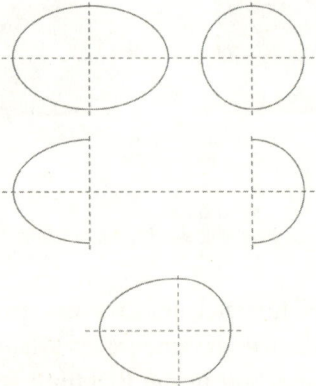

Aus Ellipse und Kreis entsteht ein Ei

von einer Rolle ab und verknoten die beiden Enden miteinander. Wenn Sie den Faden um die Reißzwecken legen, sollte nicht mehr allzu viel Spielraum sein, sonst ähnelt Ihre Ellipse zu sehr einem Kreis.

Dann nehmen Sie einen Stift und schieben damit den um die Reißzwecken geschwungenen Faden so weit nach oben, bis der geschlossene Faden ein Dreieck bildet. Nun brauchen Sie den Stift nur vorsichtig eine Runde um die beiden Reißzwecken zu bewegen und dabei aufzudrücken. Achten Sie darauf, dass der Faden stets straff gespannt ist. Wenn Sie eine Runde gemacht haben, ist die Ellipse fertig. Diese Methode heißt übrigens Gärtnerkonstruktion, weil Gärtner sie in der Renaissance nutzten, um Beete in elliptischer Form anzulegen.

Eine Ellipse zeichnet sich dadurch aus, dass für jeden Punkt auf ihr gilt: Die Summe des Abstandes zu den beiden Brennpunkten – diese sind identisch mit den Einstichstellen der Reißzwecken – ist konstant. Das zu beweisen, ist nicht schwer – es ergibt sich automatisch aus unserer Konstruktionstechnik, denn die Länge des Fadens ändert sich nicht.

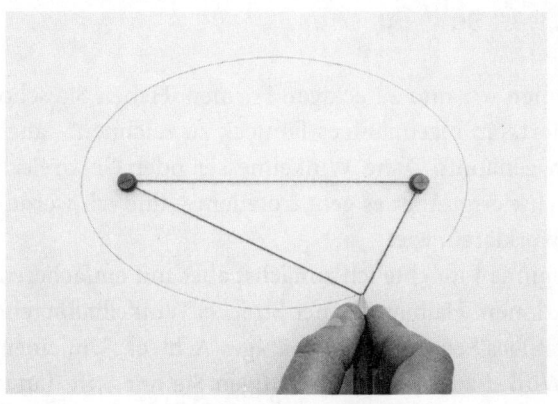

Gärtnerkonstruktion der Ellipse

Richtig gut sieht ein aus halber Ellipse und Halbkreis zusammengesetztes Ei jedoch nicht aus, finde ich. Es gibt noch andere Wege, schönere Eiformen hinzubekommen. Eine davon funktioniert ganz ähnlich wie das Zeichnen einer Ellipse. Sie brauchen wieder einen geschlossenen Faden und einen Stift – aber nicht zwei, sondern drei Reißzwecken.

Wenn Sie Lust haben, spielen Sie doch einfach mal ein bisschen damit herum. Was kommt heraus, wenn die drei Reißzwecken die Eckpunkte eines gleichseitigen Dreiecks bilden? Probieren Sie es aus!

Eine typische Eiform erhalten Sie, wenn die Reißzwecken ein spitzes gleichschenkliges Dreieck bilden und der darum gelegte Faden nur noch relativ wenig Spielraum hat. An der Spitze des Dreiecks entsteht so eine Kurve mit kleinem Radius – dort ist die spitze Stelle des Eis. An der gegenüberliegenden Stelle ist der Kurvenradius deutlich größer – voilà, fertig ist das Ei! Wie Ihre nächste Osterkarte entsteht, wissen Sie jetzt.

n Ecken sollt ihr sein

Kommen wir nun zu eckigen Formen. Haben Sie schon mal probiert, ein regelmäßiges Fünfeck zu zeichnen – auch Pentagon genannt? Ohne Winkelmesser oder Geodreieck wird das schwierig. Aber es geht trotzdem – und ich werde Ihnen gleich erklären, wie.

Beginnen möchte ich zunächst aber mit einfacheren Konstruktionen: Halbieren einer Strecke, Winkelhalbierende, regelmäßiges Sechseck, regelmäßiges Achteck. Um einen rechten Winkel zu zeichnen, benötigen Sie nur Stift, Lineal und Zirkel. Am schnellsten geht der folgende Weg.

Sie zeichnen eine Gerade, markieren darauf zwei Punkte. Dann nehmen Sie eine Distanz mit dem Zirkel, die etwa so lang ist wie die markierte Strecke. Sie stechen mit dem Zirkel in den Anfangspunkt der Strecke und ziehen oberhalb und unterhalb der Strecke je ein Kreissegment. Dies wiederholen Sie am Endpunkt der Strecke, ohne die mit dem Zirkel genommene Distanz zu verändern. Die Kreissegmente schneiden sich oberhalb und unterhalb der Strecke, es gibt zwei Schnittpunkte. Verbinden Sie diese Schnittpunkte mithilfe eines Lineals zu einer Geraden. Diese Gerade teilt die Strecke genau in der Mitte.

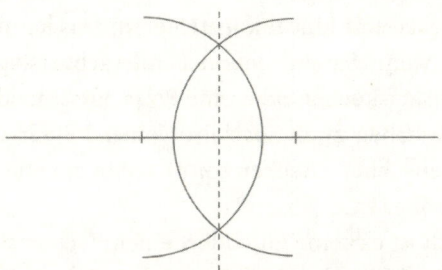

Halbierung einer Strecke mit Zirkel und Lineal

Einen Winkel halbieren Sie ganz ähnlich. Wieder nehmen Sie den Zirkel und tragen vom Scheitelpunkt auf beiden Schenkeln die gleiche Entfernung ab. Dann nehmen Sie mit dem Zirkel eine Distanz, die etwa so groß ist wie der Abstand dieser beiden gekennzeichneten Punkte. Von beiden Punkten aus zeichnen Sie dann Kreisbögen wie in der Zeichnung auf der nächsten Seite zu sehen. Zum Schluss verbinden Sie den Scheitelpunkt mit dem Schnittpunkt der beiden Kreisbögen – diese Gerade teilt den Winkel genau in der Mitte.

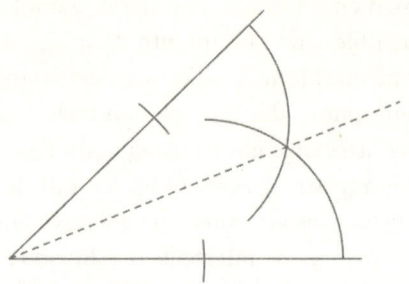

Halbierung eines Winkels mit Zirkel und Lineal

Wenn Sie wissen, wie man Winkel halbiert, können Sie auch problemlos regelmäßige Achtecke, 16-Ecke oder 32-Ecke allein mit Zirkel und Lineal konstruieren. Das kann ganz hilfreich sein, wenn Sie auf einem Kindergeburtstag den runden Geburtstagskuchen oder eine Pizza aufschneiden wollen. Fünfjährige haben zwar noch Probleme, 360 Grad durch 16 zu dividieren – aber sie sehen sofort, wenn ein Stück auch nur minimal größer ist.

Natürlich ist es keine gute Idee, einem Geburtstagskuchen mit Zirkel und Lineal zu Leibe zu rücken. Ich empfehle Ihnen daher, einfach ein Blatt zu Hilfe zu nehmen. Auf Papier können Sie eine Schablone zeichnen und ausschneiden, mit deren Hilfe Sie die Pizza- oder Kuchenstücke anschließend in der passenden Größe abschneiden können. Das Ganze mag Ihnen vielleicht umständlich erscheinen – aber die Kinder werden große Augen machen, wenn Sie eine Schnittschablone konstruieren!

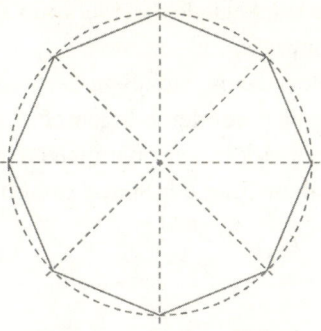

Vom Kreis zum regelmäßigen Achteck

Wie aber achteln wir einen Kreis? Sie zeichnen zwei Geraden durch seinen Mittelpunkt, die senkrecht aufeinander stehen. Diese Geraden bilden vier rechte Winkel und zugleich zwei Strecken, die dem Durchmesser entsprechen. Diese vier Winkel halbieren Sie mit dem oben beschriebenen Verfahren und erhalten acht gleich große Winkel von 45 Grad. Dort, wo die Schenkel dieser Winkel den Kreis schneiden, liegen die Eckpunkte des gesuchten regelmäßigen Achtecks.

Pizza sechsteln

Wenn Sie die Winkel nochmals halbieren, landen Sie beim 16-Eck, danach beim 32-Eck und so weiter. Das war jetzt noch nicht besonders schwierig, aber wissen Sie auch, wie man eine runde Pizza in 6 exakt gleich große Stücke zerschneidet?

Sie brauchen dazu ein regelmäßiges Sechseck. Mit der eben genutzten Konstruktion kommen wir nicht weiter, denn wir müssten dann einen Winkel dritteln. Mit Zirkel und Lineal ist das für beliebige Winkel jedoch leider unmöglich – das haben Mathematiker bewiesen.

Wir bekommen das regelmäßige Sechseck aber trotzdem hin, wenn wir seine besonderen Eigenschaften ausnutzen. Ein regelmäßiges Sechseck besteht nämlich aus sechs gleichseitigen Dreiecken, die wir an der Spitze zusammenlegen – siehe Zeichnung.

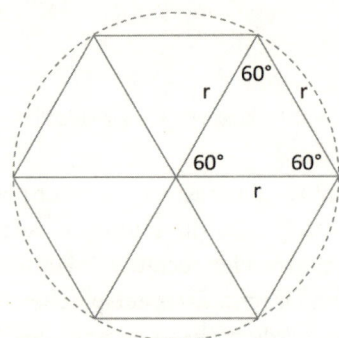

Regelmäßiges Sechseck

Schauen wir uns den Umkreis dieses Sechsecks an: Sein Radius r entspricht genau der Seitenlänge der gleichseitigen Dreiecke. Daher ist der Abstand zweier benachbarter Eckpunkte genauso lang wie der Radius r.

Um ein regelmäßiges Sechseck zu konstruieren, zeichnen wir einen Kreis und behalten den Radius im Zirkel. Das heißt: Wir ändern die Zirkelstellung nicht, der Abstand der beiden Schenkelspitzen beträgt weiterhin r. Dann legen wir einen Eckpunkt auf dem Kreis willkürlich fest, stechen dort den Zirkel ein und zeichnen Kreisbögen in beide Richtungen. An den Schnittpunkten mit dem Umkreis stechen wir wieder den Zirkel ein und wiederholen das Verfahren, bis wir alle sechs Eckpunkte haben.

Wenn Sie wissen, wie man eine Pizza sechstelt, können Sie diese auch in 12 oder 24 gleich große Stücke zerlegen. Sie müssen dazu nur die Sechstel-Stücke halbieren beziehungsweise vierteln. Und einen Winkel zu halbieren, ist bekanntlich ein Kinderspiel.

Mit dem Wissen um regelmäßige Sechsecke und Achtecke ist ein gelungener Kindergeburtstag aber noch nicht garantiert. Es könnten ja auch nur fünf Kinder da sein oder sieben oder neun. Das Pizzaschneiden wird dann zu einer geometrischen Herausforderung.

Das Pentagon

Mathematiker haben sich intensiv mit der Frage beschäftigt, welche regelmäßigen n-Ecke sich eigentlich allein mit Zirkel und Lineal konstruieren lassen. Carl Friedrich Gauß konnte bereits Ende des 18. Jahrhunderts zeigen, dass dies bei einem 17-Eck gelingt. Doch es gibt auch regelmäßige Polygone, die nicht konstruierbar sind – zum Beispiel das 7-Eck, das 9-Eck und das 11-Eck. Hier kommen Sie letztlich nur mit einem Winkelmesser zum Ziel: Sie teilen 360 Grad durch die Eckenzahl und tragen die Winkel vom Kreismittelpunkt aus ab.

Zumindest beim regelmäßigen Fünfeck reichen aber Zirkel und Lineal. Die Konstruktion eines sogenannten Pentagons ist nicht besonders schwierig. Allerdings müssen wir beim Beweis, dass dabei tatsächlich ein regelmäßiges Fünfeck herauskommt, etwas weiter ausholen.

Beginnen wir mit der Konstruktion. Ausgangspunkt ist ein Kreis, in den wir wieder zwei zueinander senkrechte Durchmesser einzeichnen. Dann halbieren wir beim waagerecht eingezeichneten Durchmesser den Radius links, also die Strecke AM – siehe Zeichnung. Wir erhalten den Punkt D. Nun nehmen wir einen Zirkel und stechen diesen in den Punkt D. Als Zirkelradius wählen wir die Strecke DB.

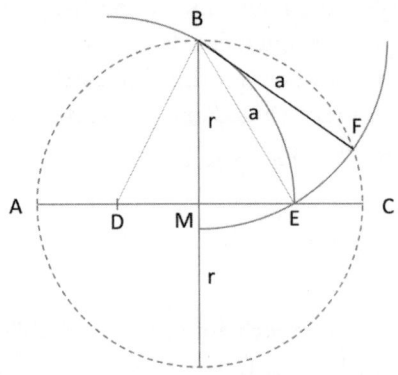

Vom Kreis zum Pentagon

Der derart gezeichnete Kreisbogen schneidet den waagerechten Durchmesser im Punkt E. Die Strecke BE entspricht genau der Seitenlänge des regelmäßigen Fünfecks, das den vorgegebenen Kreis als Umkreis hat. Wenn wir mit dem Zirkel einen Bogen um B mit dem Radius BE ziehen, erhalten wir den Punkt F auf dem vorgegebenen Kreis.

Die Strecke BF ist eine Seite des gesuchten regelmäßigen Fünfecks. Die übrigen drei Eckpunkte kann man leicht konstruieren, indem man BF in den Zirkel nimmt und von den Punkten B und F aus Kreisbögen zieht.

Ich möchte Ihnen nun beweisen, dass bei dieser Konstruktion tatsächlich ein regelmäßiges Fünfeck entsteht. Weil der Beweis etwas länger ist, folgt hier nur der erste Teil. Den zweiten Teil finden Sie im Anhang. Wenn Sie nicht so tief in das Thema einsteigen möchten, können Sie die folgende Passage auch überspringen.

Ich rechne zuerst aus, wie lang die Fünfeck-Seite BF im Verhältnis zum Radius des gegebenen Kreises ist. Diesen Radius, der der Strecke AM entspricht, nennen wir r. Die Seitenlänge BF bezeichnen wir mit a.

Mit dem Satz des Pythagoras können wir den Radius des zuerst gezeichneten Kreisbogens ausrechnen, welcher den Strecken DB und DE entspricht. Es gilt:

$$DE^2 = DB^2 = MD^2 + MB^2 = (\frac{1}{2}r)^2 + r^2$$

$$= \frac{5}{4} \times r^2$$

$$DE = \frac{\sqrt{5}}{2}r$$

Mit dem Satz des Pythagoras rechnen wir nun beim Dreieck BME weiter. Die Strecke BE entspricht der Seitenlänge a unseres Fünfecks, BM dem Radius r. Und ME ist die Differenz aus DE und r/2. Es gilt:

$$a^2 = BE^2 = MB^2 + ME^2$$

$$= r^2 + (\frac{\sqrt{5}}{2}r - \frac{r}{2})^2$$

$$= r^2(1 + \frac{5 - 2\sqrt{5} + 1}{4})$$

$$= r^2(\frac{4 + 6 - 2\sqrt{5}}{4})$$

$$= r^2(\frac{5 - \sqrt{5}}{2})$$

Im nächsten Schritt müssen wir zeigen, dass diese Beziehung zwischen Radius und Seitenlänge für das regelmäßige Pentagon gilt. Diesen Teil des Beweises finden Sie im Anhang ab Seite 244.

Der Beweis zum regelmäßigen Fünfeck ist eine ziemlich komplizierte Rechnung, wie ich sie selbst auch nicht so gern mache. Die Chancen sind gut, dass man dabei ein Vorzeichen falsch setzt oder einen Ausdruck nicht richtig quadriert – und schon ist die ganze Kalkulation falsch. Aber wenn wir beweisen wollen, dass sich das Pentagon tatsächlich mit Lineal und Zirkel zeichnen lässt, kommen wir um etwas Rechnerei nicht herum.

Falten statt Zeichnen: Origamics

Sie kennen sicher die japanische Papierfaltkunst Origami. Sterne, Kraniche, Schwäne – all das lässt sich aus einem in der Regel quadratischen Papierbogen zaubern. Auch Mathematiker interessieren sich für das raffinierte Falten, denn es ermöglicht geometrische Kunststücke, die mit Zirkel und Lineal allein nicht gelingen. Für mathematisch motivierte Faltungen wurde eigens ein Kunstwort kreiert: Origamics – ein Mix aus Origami und Mathematics, dem englischen Wort für Mathematik.

Einige dieser geometrischen Faltkunststücke möchte ich Ihnen zum Schluss dieses Kapitels vorstellen. Beginnen wir mit dem regelmäßigen Fünfeck. Das lässt sich nämlich auch falten. Sie benötigen dazu nur einen langen, schmalen Papierstreifen. Sie können zum Beispiel von einem A4-Blatt an der langen Seite einen 3 bis 4 Zentimeter breiten Streifen abschneiden. Achten Sie darauf, dass er eine konstante Breite hat.

Nehmen Sie den Streifen, legen Sie mit dem einen Ende eine Schlaufe und ziehen Sie das andere Ende des Streifens durch diese Schlaufe. Sie machen also einen einfachen Knoten in den Papierstreifen. Nun ist Fingerspitzengefühl gefragt: Ziehen Sie den Knoten Stück für Stück immer enger zu. Dabei darf der Streifen jedoch nirgends zusammengedrückt werden. Mit der entsprechenden Sorgfalt entsteht ein Winkel, der genau die Größe von 108° hat – der Innenwinkel des regelmäßigen Fünfecks.

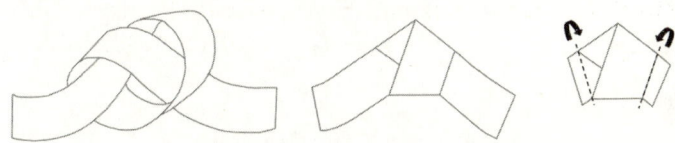

Vom Knoten zum regelmäßigen Fünfeck

Drei Seiten des Fünfecks sind schon gut zu erkennen. Jetzt müssen Sie die beiden überstehenden Enden des Papierstreifens nur noch mit einer Schere kürzen und sauber umfalten – fertig ist Ihr regelmäßiges Fünfeck!

Als mathematisch Interessierter stellt sich die Frage: Ist das Fünfeck tatsächlich regelmäßig? Sind also alle Innenwinkel und alle Seiten gleich groß? Wenn Sie mögen, können Sie gern selbst versuchen, das zu beweisen.

Oder Sie lassen es sich von mir erklären. Der Beweis ist leider nicht ganz leicht. Die Zeichnung auf der nächsten Seite zeigt einen Knoten – allerdings im Vergleich zur Skizze oben um 180 Grad gedreht. Die Ecken des Fünfecks, von dem wir nicht wissen, ob es regelmäßig ist, bezeichnen wir mit A, B, C, D und E.

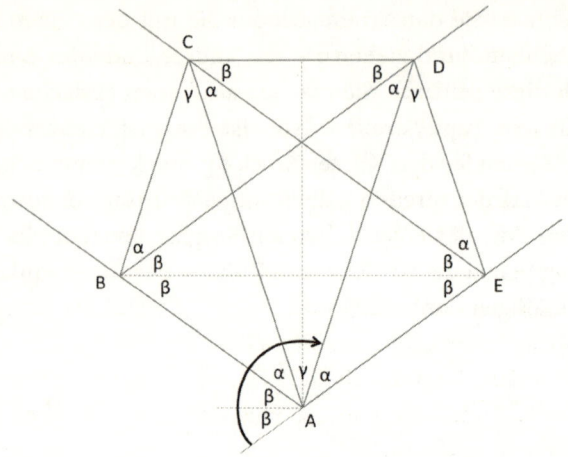

In unserem Fünfeck gibt es mehrere parallele Strecken – zum Beispiel DE und AC. Sie sind parallel, weil sie von dem Rand des verknoteten Papierstreifens gebildet werden. Außerdem wissen wir, dass der Knoten symmetrisch sein muss. Wenn wir Vorder- und Rückseite vertauschen, den Knoten also drehen, ändert sich am Knoten selbst nichts. Daher können wir eine Symmetrieachse einzeichnen – in der Zeichnung ist das die gestrichelte senkrechte Linie. Wegen der Symmetrie wissen wir auch, dass die Diagonale BE parallel zu CD sein muss.

Nun beschriften wir die vielen Winkel im Fünfeck und nutzen dabei aus, dass eine Gerade zwei andere, zueinander parallele Geraden stets im gleichen Winkel schneidet. Zum Beispiel sind die Winkel ACE und BAC gleich groß, wir bezeichnen sie mit α. Aus Symmetriegründen sind die jeweils drei Winkel an den Ecken C und D sowie B und E gleich groß. Wir sehen, dass drei verschiedene Winkel α, β, γ ausreichen, um sämtliche 15 Innenwinkel zu beschriften. Zum Beispiel sind die Winkel ECD (= β) und BEC gleich groß, weil die

Strecke CE die beiden parallelen Strecken CD und BE schneidet. Also ist der Winkel BEC = β. Analog leiten wir die übrigen Innenwinkel ab. Wir müssen nun zeigen, dass all diese Winkel gleich groß sind (α = β = γ) und auch die Seiten des Fünfecks gleich lang.

Zuerst schauen wir uns den Außenwinkel am Punkt A an, der 2β groß ist, weil er der Wechselwinkel zum Winkel DBA an den Parallelen BD und AE ist. Hier wird der von rechts oben kommende Papierstreifen gefaltet, die Strecke AB ist die Knickkante. Der geknickte Streifen läuft dann nach oben zum nächsten Knick an der Kante CD, danach nach rechts unten zur Kante AE und von dort schließlich nach links oben.

Eine Knickkante funktioniert genau wie ein Spiegel: Einfallswinkel ist gleich Ausfallswinkel. Also muss α + γ gleich dem Außenwinkel am Punkt A sein. Die Größe des Außenwinkels kennen wir bereits. Weil AB parallel zu CE ist, ist der Winkel β + β. Also gilt α + γ = β + β. Daraus folgt wiederum, dass die Dreiecke ACE und ABD gleichschenklig sind. Weil ACD ebenfalls gleichschenklig ist, sind die vier Diagonalen AC, AD, BD und CE alle gleich lang.

Betrachten wir nun die Diagonale AC. Der von links oben verlaufende Papierstreifen hat die Breite $\sin(\alpha) \times AC$. Nach dem Falten läuft der Streifen nach oben Richtung CD. Seine Breite können wir mit $\sin(\gamma) \times AC$ berechnen. Weil sich die Breite des Streifens ja nicht verändert, müssen die Winkel α und γ gleich groß sein. Daraus folgt sofort: α = β = γ.

Daraus folgt wiederum, dass die Diagonale BE genauso lang ist wie die übrigen vier Diagonalen. Und daraus folgt schließlich, dass in unserem Fünfeck alle Innenwinkel und alle Seiten gleich groß sind. Also handelt es sich tatsächlich um ein regelmäßiges Fünfeck. Damit sind wir fertig mit dem nicht ganz einfachen Beweis.

Winkel dritteln

Das ist die Quadratur des Kreises! Diese Redewendung haben Sie sicher schon gehört. Und wahrscheinlich wissen Sie auch, woher sie kommt. Schon die alten Griechen versuchten vergeblich, einen Kreis in ein Quadrat mit genauso großer Fläche umzuwandeln. Aber erst im 19. Jahrhundert konnte der deutsche Mathematiker Ferdinand von Lindemann beweisen, dass die Quadratur des Kreises unmöglich ist. Schuld daran ist übrigens die Kreiszahl Pi.

Nicht ganz so bekannt wie die Quadratur des Kreises ist das Problem der Dreiteilung eines Winkels. Eine Strecke mit Zirkel und Lineal zu dritteln, bereitet keine großen Schwierigkeiten. Aber wie drittelt man einen Winkel?

Schon die alten Griechen haben sich daran versucht – ohne Erfolg. Es dauerte ebenfalls rund 2000 Jahre, bis ein Mathematiker einen Beweis präsentierte: Pierre Laurent Wantzel (1814–1884) zeigte, dass diese Aufgabe mit Zirkel und Lineal unlösbar ist.

Wenn Sie ein Pizzastück fair dritteln wollen, bleibt Ihnen also eigentlich nichts anderes übrig, als zu einem Winkelmesser zu greifen, den Winkel abzulesen, zu dritteln und dann die Schnittlinie zu kennzeichnen.

Es gibt aber einen einfachen Trick, mit dem das eigentlich Unmögliche, die Dreiteilung eines Winkels, doch gelingt. Sie müssen das Blatt mit dem aufgezeichneten Winkel nur geschickt falten.

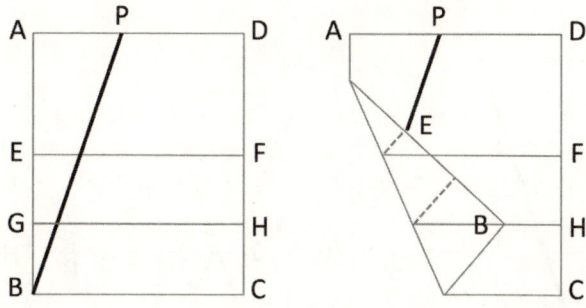

Die Zeichnung zeigt den Winkel PBC, den wir in drei gleich große Stücke teilen möchten. Seine Schenkel werden von den Strecken PB und BC gebildet, B ist der Scheitelpunkt des zu drittelnden Winkels.

Die Punkte A, B, C, D markieren die Eckpunkte unseres Blattes Papier. Wir zeichnen zuerst etwa in der Mitte des Blattes eine waagerechte Strecke EF ein. Genau in der Mitte zwischen EF und BC, der unteren Blattkante, zeichnen wir eine zweite Strecke GH ein, ebenfalls parallel zur Blattkante.

Jetzt beginnt das Falten: Wir fassen die Ecke B und schieben sie über der Strecke GH so lange hin und her, bis Punkt E auf der Strecke BP liegt, dem oberen Schenkel des Winkels, den wir dritteln wollen. Wenn die Punkte B und E auf den besagten Strecken liegen, falten wir das Blatt wie in der Zeichnung zu sehen. Wir markieren die Stelle, an der B die Strecke GH berührt, und nennen diesen Punkt B', analog dazu markieren wir auch E' – siehe nächste Seite.

Die Faltkante schneidet GH im Punkt I. Nun sind wir fertig: Die Strecken BB' und BI dritteln unseren Winkel PBC.

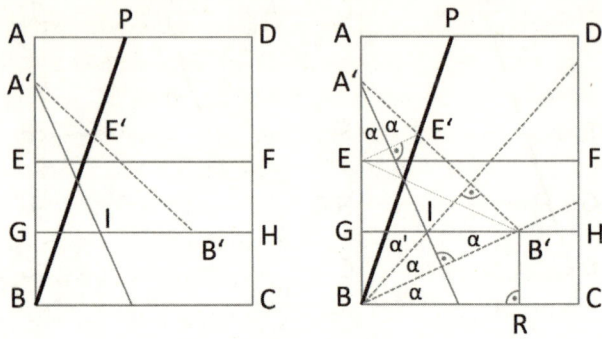

Exakt gedrittelt

Man möchte kaum glauben, dass man mit diesem simplen Falttrick ein Problem löst, das Mathematiker mit Zirkel und Lineal allein nicht lösen können.

Aber haben wir den Winkel auch exakt gedrittelt? Das ist nicht allzu schwer zu beweisen. Weil wir entlang der Strecke A'I gefaltet haben, ergeben sich eine Reihe rechter Winkel. Die Strecken EE' und BB' stehen senkrecht auf der Faltkante. Der Beginn der Faltkante am Punkt A' und die Punkte B und B' bilden ein gleichschenkliges Dreieck. Die Faltkante halbiert den Winkel an der oberen Spitze des Dreiecks, die beiden gleich großen Winkel nennen wir α.

Der Winkel CBB' ist ebenfalls so groß wie α, denn wenn man die Innenwinkel-Summe der linken Hälfte des eben erwähnten gleichschenkeligen Dreiecks betrachtet, stellt sich heraus, dass der Winkel B'BA = 90 − α ist. Gleiches gilt für den Winkel BB'G und aus Symmetriegründen für den Winkel IBB'. Jetzt müssen wir noch zeigen, dass der Winkel IBE', den wir α' nennen, ebenfalls so groß wie α ist.

Die Verlängerung der Strecke BI steht wegen der Faltung,

die einer Spiegelung entspricht, senkrecht auf E'B'. Wenn die beiden Seiten BE' und BB' gleich lang wären, wäre BB'E' ein gleichschenkliges Dreieck und das Lot automatisch auch die Winkelhalbierende, was bedeuten würde, dass gilt $\alpha = \alpha'$.

Tatsächlich ist BE' genauso lang wie BB'. Denn die vier Punkte E, E', B, B' bilden ein Trapez, dessen Symmetrieachse die Faltkante ist. Deshalb sind die beiden Diagonalen BE' und EB' gleich lang. EB' wiederum ist genauso lang wie BB', denn GH liegt genau in der Mitte zwischen EF und BC. Also ist das Dreieck BB'E' tatsächlich gleichschenklig. Und wir haben damit bewiesen, dass die Strecken BI und BB' unseren vorgegebenen Winkel tatsächlich dritteln.

Ich staune immer noch, welche Kunststücke mit Origamics möglich sind. Ist es nicht verrückt, dass ein Knick im Papier ein mit Zirkel und Lineal unlösbares Problem zu einer fast schon kinderleichten Aufgabe macht?

Noch etwas finde ich erstaunlich: Ausgerechnet der Fünfeckknoten, der selbst so leicht auszuführen ist, macht mathematisch gesehen die meiste Arbeit. Denn zu beweisen, dass beim Papierstreifenverknoten wirklich ein regelmäßiges Fünfeck entsteht, ist nicht ganz so einfach wie der Beweis der Winkeldreiteilung.

Egal, ob Sie der komplizierten Beweisführung folgen konnten oder nicht – auf jeden Fall haben Sie nun das geometrische Rüstzeug, um sich weder vor Ostereiern noch dem Schneiden von Pizza fürchten zu müssten.

Aufgaben

Aufgabe 6 *
Die Seite eines Rechtecks wird um 50 Prozent verlängert. Um welche Prozentzahl müssen Sie die andere Seite verkürzen, damit sich die Fläche des Rechtecks nicht ändert?

Aufgabe 7 * *
Wie groß ist der Innenwinkel in einem regelmäßigen n-Eck?

Aufgabe 8 * *
Die Zeiger der Uhr zeigen die Zeit 16.20 Uhr an. Wie groß ist der Winkel zwischen großem und kleinem Zeiger in diesem Moment?

Aufgabe 9 * * *
Über jeder Seite eines Quadrats wird nach außen ein gleichschenkliges Dreieck konstruiert. Die Fläche jedes dieser Dreiecke soll genauso groß sein wie die Fläche des Quadrats. Wie groß ist der Abstand von zwei gegenüberliegenden Spitzen des vierzackigen Sterns?

Aufgabe 10 * * * *
Gegeben ist ein Winkel mit der Größe von 63 Grad. Dritteln Sie diesen Winkel allein mithilfe von Zirkel und Lineal. Sie dürfen das Papier nicht falten.

Teile und herrsche:
Von Quersummen und
Märchenzahlen

Ist 2487 ein Vielfaches von 7? Oder von 13? Man sieht Zahlen ihre Teiler oft nicht an. Doch es gibt raffinierte Verfahren, um auch ohne Taschenrechner schnell zu prüfen, ob eine Zahl durch 9, 11 oder 13 teilbar ist. Wer sie gut beherrscht, kann sie sogar für magische Tricks benutzen.

Teilen will gelernt sein. Diese Erfahrung machen nicht nur Kinder beim Spielen miteinander. Auch im täglichen Umgang mit Zahlen geht es oft darum, Dinge gerecht aufzuteilen. Meist klappt das auch recht gut. Mitunter muss man sich aber ganz schön den Kopf zerbrechen, damit sich niemand benachteiligt fühlt. Ein kurioses Beispiel dafür ist das folgende Rätsel:

Anton, Karl und Josef haben zusammen 17 Schafe, die sie abwechselnd hüten. Anton gehört die Hälfte, Karl ein Drittel und Josef ein Neuntel der Tiere. Nach einem Streit möchten sie getrennte Wege gehen und die Schafe unter sich aufteilen. Wie kriegen sie das hin, ohne ein Tier schlachten zu müssen?

Schon auf den ersten Blick sieht man, dass sich die Aufgabe nicht einfach so lösen lässt. Wenn Anton die Hälfte der Schafe gehört, dann sind das $17/2 = 8,5$ Tiere. Sie sollen jedoch nicht geschlachtet werden. Um das Rätsel zu lösen, müssen die drei Männer zu einem Kniff greifen. Sie leihen sich ein Schaf, sodass sie insgesamt 18 Tiere haben. Diese teilen sie dann nach dem vorgegebenen Schlüssel auf. Also bekommt Anton 9 Schafe (die Hälfte), Karl 6 (ein Drittel) und Josef 2 (ein Neuntel). Dabei bleibt genau ein Schaf übrig – das geliehene – und das geben die Schäfer dann wieder zurück.

Mathematisch präzise ist das natürlich nicht, schließlich ist die Hälfte von 17 nicht 9, sondern 8,5. Aber gerecht ist die Aufteilung trotzdem, denn das Verhältnis der Schafe stimmt genau, weil 9 zu 6 zu 2 genau 1/2 zu 1/3 zu 1/9 entspricht.

Der Kunstgriff mit dem geliehenen Schaf funktioniert übrigens nur, weil 1/2 + 1/3 + 1/9 nicht genau 1 ergibt, sondern 17/18. Würden die drei Männer die 17 Tiere streng nach dem Schlüssel teilen – und dabei zwangsläufig mehrere Tiere schlachten –, bliebe am Ende ein 17/18 Schaf übrig, das niemandem gehört.

Derartige Teilungen sollte man natürlich möglichst vermeiden – nicht nur aus der Perspektive des Schafes. Wer rechnet schon gern mit krummen Zahlen? Daher möchte ich Ihnen in diesem Kapitel Tricks beibringen, mit denen Sie schnell herausfinden können, ob eine natürliche Zahl glatt durch eine andere teilbar ist.

Wahrscheinlich kennen Sie aus der Schule noch den alten Kunstgriff der Quersumme, die einem verrät, ob eine Zahl durch 3 teilbar ist. Aber ist Ihnen auch klar, warum dieser Trick überhaupt funktioniert? Und ob es ähnliche Kniffe für das Teilen durch 11 oder 13 gibt? Eine Möglichkeit dazu ist die sogenannte Märchenzahl 1001, die exakt dem Produkt der Zahlen 7, 11 und 13 entspricht – dazu gleich mehr.

Fangen wir erst mal ganz einfach an. Woran erkenne ich, ob eine natürliche Zahl durch 2 teilbar ist? Sie muss gerade sein, dann kann ich sie auch ohne Rest durch 2 dividieren. Und eine Zahl ist genau dann gerade, wenn ihre letzte Ziffer durch 2 teilbar ist.

Bei der 5 und der 10 ist es ähnlich einfach. Endet eine Zahl auf 0, ist sie durch 10 teilbar. Endet sie auf 5 oder 0, ist die 5 auf jeden Fall ein Teiler.

Wie lautet die Regel für die 4? Hier brauchen wir uns nur

die letzten beiden Ziffern anzuschauen. Eine Zahl ist durch 4 teilbar, wenn die aus Zehner- und Einerstelle gebildete Zahl durch 4 teilbar ist. Nehmen wir das Beispiel 35648. Die Zahl endet auf 48. 48 ist durch 4 teilbar, also muss es auch 35648 sein. Das ist so, weil 100 und damit automatisch auch alle Vielfachen von 100 immer durch 4 teilbar sind.

Anders gesagt: Eine beliebige natürliche Zahl, deren letzten beiden Ziffern jeweils 0 sind, ist stets ein ganzzahliges Vielfaches von 4. Ob eine Zahl durch 4 teilbar ist oder nicht, entscheiden allein ihre letzten zwei Ziffern.

Wie der Quersummentrick funktioniert

Die Regel für die 8 ist ganz ähnlich. Eine Zahl ist durch 8 teilbar, wenn ihre letzten drei Ziffern als Zahl durch 8 teilbar sind. Für unser Beispiel 35648 trifft das zu, denn $648 = 81 \times 8$. Diese Regel funktioniert, weil 1000 und alle ganzzahligen Vielfachen davon durch 8 teilbar sind ($125 \times 8 = 1000$).

Die Teilbarkeitsregel für die 3 habe ich bereits erwähnt. Immer dann, wenn die Quersumme einer Zahl durch 3 teilbar ist, ist auch die Zahl selbst durch 3 teilbar. Für unsere Beispielzahl 35648 trifft das übrigens nicht zu, denn ihre Quersumme ist 26.

Mit diesem Wissen können wir binnen weniger Sekunden prüfen, ob eine zehnstellige Zahl durch 3 teilbar ist, zum Beispiel 1234567890. Die Quersumme beträgt $1 + 2 + 3 + 4 + 5 + 6 + 7 + 8 + 9 + 0 = 45$ und 45 ist durch 3 teilbar. Übrigens: Falls die Quersumme selbst eine große Zahl ist, von der Sie nicht wissen, ob sie ein Vielfaches von 3 ist, können Sie wiederum die Quersumme der Quersumme berechnen und prüfen, ob das dann kleinere, handlichere Ergebnis durch 3 teilbar ist.

Im Beispiel hier wird aus der ersten Quersumme 45 dann deren Quersumme 9, die durch 3 teilbar ist.

Etwas schwieriger ist die Erklärung, warum der Trick mit der Quersumme überhaupt funktioniert. Wenn Sie das Ganze gern selbst beweisen wollen, dann lesen Sie bitte erst einmal nicht weiter.

Der Beweis besteht aus zwei Teilen. Zuerst schauen wir uns an, welchen Rest Zehnerpotenzen bei der Division durch 3 lassen. Danach zeigen wir, dass die Quersumme einer Zahl tatsächlich direkt zum gesuchten Rest führt.

Fangen wir an mit den Zehnerpotenzen, die wir allgemein in der Form 10^n schreiben können. Jede Zehnerpotenz beginnend bei $10^0 = 1$, $10^1 = 10$, $10^2 = 100$, $10^3 = 1000$, ... $10^n = 100000...0000$ (n Nullen) lässt bei der Division durch 3 den Rest 1.

Alles Neunen!

Das zu beweisen, ist zum Glück nicht schwer. Wenn wir von 10^n einfach 1 abziehen, erhalten wir eine n-stellige Zahl, die nur aus Neunen besteht. Zum Beispiel n = 3: $1000 - 1 = 999$. Eine nur aus n Neunen bestehende Zahl ist auf jeden Fall durch 3 teilbar – und übrigens auch durch 9!

Wozu brauchen wir diese Aussage über Zehnerpotenzen? Unser Zahlensystem beruht ja gerade auf Zehnerpotenzen. Nehmen wir zum Beispiel die Zahl 35648. Wir können sie auch in der Form

$$3 \times 10^4 + 5 \times 10^3 + 6 \times 10^2 + 4 \times 10^1 + 8 \times 10^0$$

schreiben. Die Ziffern der Zahl 35648 stehen als Faktoren vor Zehnerpotenzen. Und wir wissen bereits, dass jede Zehnerpotenz beim Teilen durch 3 den Rest 1 hat.

Wir müssen nun also schauen, was mit der Teilbarkeit und dem Rest einer Zahl passiert, wenn wir sie mit einem Faktor multiplizieren. Nehmen wir die zweite Ziffer unserer Beispielzahl 35648, das ist eine 5. 10^3 hat den Rest 1, wie groß ist dann der Rest von 5×10^3?

Wenn wir 10^3 in der Form $3 \times 333 + 1$ schreiben, dann gilt:

$$5 \times 10^3 = 5 \times (3 \times 333 + 1)$$
$$= 3 \times 5 \times 333 + 5 \times 1$$

Wir sehen sofort, dass der Rest von 5×10^3 genau $5 \times 1 = 5$ ist.

Auf die gleiche Weise können wir zeigen, dass der Rest von $m \times 10^n$ beim Teilen durch 3 genau m ist, wobei m und n beliebige natürliche Zahlen sind.

Die eben für Zehnerpotenzen und das Teilen durch 3 hergeleitete Multiplikationsregel gilt sogar allgemein für Reste einer Zahl a bezüglich der Division durch eine Zahl c. Wenn ich a mit der natürlichen Zahl b multipliziere und wissen will, wie groß der Rest des Produkts bei der Division durch c ist, nehme ich einfach den Rest von a und multipliziere ihn mit b.

$$\mathrm{Rest}(b \times a) = b \times \mathrm{Rest}(a)$$

Wir sind jetzt fast fertig mit dem Quersummenbeweis. Zeigen müssen wir nur noch, dass ich auch beim Addieren von Zahlen lediglich auf die Reste zu schauen brauche. Nehmen wir die Summe $3 \times 10^4 + 5 \times 10^3$:

$$3 \times 10^4 + 5 \times 10^3 = 3 \times (3 \times 3333 + 1) + 5 \times (3 \times 333 + 1)$$
$$= 3 \times (3 \times 3333 + 5 \times 333) + 3 \times 1 + 5 \times 1$$

Wir sehen, dass wir die Summe der zwei Zahlen so umstellen können, dass sie sich aus den beiden Resten der Summanden, also 3×1 und 5×1, und einer durch 3 teilbaren Zahl zusammensetzt. Also können wir schreiben:

$$\text{Rest}(3 \times 10^4 + 5 \times 10^3) = \text{Rest}(3 \times 10^4) + \text{Rest}(5 \times 10^3)$$

Auch hier gilt allgemein: Der Rest von $a + b$ bezüglich der Division durch c ist einfach die Summe der Reste von a und von b.

$$\text{Rest}(a + b) = \text{Rest}(a) + \text{Rest}(b)$$

Kleiner Exkurs

Mathematiker benutzen beim Arbeiten mit Resten den Ausdruck **Modulo**. Den Rest von 8 bei der Division durch 3 schreiben sie folgendermaßen:

$$8 \bmod 3 = 2$$

Die Regeln für die Resteberechnung beim Addieren und Multiplizieren lauten:

$$(b \times a) \bmod n = b \times (a \bmod n)$$
$$(a + b) \bmod n = a \bmod n + b \bmod n$$

Ich werde die Modulo-Schreibweise hier nicht verwenden, sie taucht aber im Kapitel 7 beim Kalenderrechnen auf.

Jetzt ist klar, warum die Quersummenberechnung uns sofort den gesuchten Rest bei der Division durch 3 liefert. Nehmen wir wieder unsere Beispielzahl 35648:

$$3 \times 10^4 + 5 \times 10^3 + 6 \times 10^2 + 4 \times 10^1 + 8 \times 10^0$$

Wenn ich die Quersumme $3 + 5 + 6 + 4 + 8$ berechne, zähle ich die Reste der verschiedenen Vielfachen der Zehnerpotenzen beim Teilen durch 3 zusammen. Das Ergebnis 26 ist nicht durch 3 teilbar, und somit gilt dies auch für die Ausgangszahl. Analog funktioniert das Ganze übrigens auch mit der 9. Auch hier liefert die Quersumme den gesuchten Rest. Damit haben wir gezeigt, warum der Quersummentrick bei den Teilern 3 und 9 funktioniert.

Die Elferregel

Wir kennen bereits die Regeln für die Teiler 2, 3, 4, 5, 8, 9 und 10. Wie aber stelle ich fest, ob eine Zahl ein Vielfaches von 11 ist? Auch dafür gibt es einen cleveren Trick. Wir berechnen dabei keine normale Quersumme, sondern die sogenannte alternierende Quersumme. Bei der Zahl 35648 beträgt diese

$$3 - 5 + 6 - 4 + 8 = 8$$

Plus und Minus wechseln sich ab – daher der Name alternierende Quersumme. Das Ergebnis 8 ist nicht durch 11 teilbar, deshalb ist auch 35648 kein Vielfaches von 11. Wenn Sie diesen Trick noch nicht kennen, wirkt er ein wenig wie Zauberei. Hier kommt die Erklärung für die Elferregel.

Geradzahlige Zehnerpotenzen, also 10^2, 10^4, 10^6 und so weiter, lassen immer den Rest 1 bei der Division durch 11. Das zu zeigen, ist nicht besonders schwer. Die Zahl $10^{2n}-1$ besteht immer aus 2n Neunen: 999....999. Wenn man diese Zahl durch 11 dividiert, erhält man eine $(2n-1)$-stellige Zahl der Form 90909....909. Diese Zahl beginnt und endet also mit 9, ansonsten wechseln sich aber 0 und 9 stets ab. Probieren Sie 's aus für 99, 9999 und 999999!

Ungeradzahlige Zehnerpotenzen lassen bei der Division durch 11 den Rest 10. Das zeigen wir einfach mithilfe der Multiplikationsregel für Reste, die wir vorhin hergeleitet haben. Aus dem vorherigen Absatz wissen wir, dass 10^{2n} beim Teilen durch 11 den Rest 1 lässt. Dann hat aber das Produkt $10 \times 10^{2n} = 10^{2n+1}$ den Rest $10 \times 1 = 10$. Statt mit dem Rest 10 können wir auch mit dem Rest -1 arbeiten, denn die Differenz zwischen 10 und -1 ist genau 11. Damit haben wir gezeigt, dass ungeradzahlige Zehnerpotenzen bei der Division durch 11 den Rest -1 lassen.

Wenn ich weiß, dass 1, 100, 10000 und so weiter immer den Rest 1 bei der Division durch 11 lassen, und 10, 1000, 100000 immer den Rest -1, brauche ich die Ziffern einer Zahl nur noch mit dem richtigen Vorzeichen zu versehen und lande automatisch bei der alternierenden Quersumme. Für die Zahl 35648 komme ich so auf $3-5+6-4+8$, also auf 8. Es ist übrigens egal, ob Sie bei der alternierenden Quersumme mit + oder – beginnen. Sie könnten auch $-3+5-6+4-8=-8$ rechnen. Entscheidend ist, ob die alternierende Quersumme duch 11 teilbar ist, ihr Vorzeichen ist egal.

Woran aber erkenne ich, ob eine Zahl durch 7, 13, 17 oder 19 teilbar ist? Sie werden staunen, selbst dafür gibt es Teilbarkeitsregeln!

Zuerst möchte ich Ihnen aber ein Verfahren demonstrieren, das zum Prüfen beliebiger Teiler funktioniert, solange diese weder die Primfaktoren 2 noch 5 enthalten. Nehmen wir die Zahl 308. Ich möchte beispielsweise prüfen, ob diese durch 7 teilbar ist.

Von hinten kürzen

Die Methode, die wir dazu benutzen, ist simpel: Wir ziehen von der zu prüfenden Zahl 308 ein Vielfaches des Teilers 7 ab. Dabei wählen wir das Vielfache von 7 so, dass als Ergebnis der Subtraktion eine durch 10 teilbare Zahl herauskommt. Also $308 - 7 \times 4 = 308 - 28 = 280$. Von 280 streichen wir dann die 0 und prüfen danach die Teilbarkeit von 28 durch 7. 28 ist ein Vielfaches von 7 – daher trifft das auch für die Ausgangszahl 308 zu.

Das Verfahren klappt auch für beliebige andere Teiler, solange diese weder die Primfaktoren 2 noch 5 enthalten.

Beim Prüfen des Quotienten 11 ziehen Sie von 308 die Zahl 88 ab ($= 8 \times 11$) und streichen beim Ergebnis 220 ebenfalls die 0 weg. 22 ist durch 11 teilbar, also gilt das auch für 308.

Beim Überprüfen der 19 müssen Sie 38 ($= 2 \times 19$) von 308 wegnehmen. Das Ergebnis 270 reduzieren Sie dann auf 27, was kein Vielfaches von 19 ist. Also ist die 19 auch kein Teiler von 308.

Ich kann dieses Abziehen eines Teiler-Vielfachen und anschließende Streichen der 0 auch mehrmals nacheinander ausführen und somit sogar größere Zahlen untersuchen. Die Rechnung dauert dann zwar etwas länger, aber ich komme auf jeden Fall zum richtigen Ergebnis, ohne einen Taschenrechner zu benötigen.

Noch eleganter finde ich die Märchenzahl-Methode. Damit kann man in einem Rutsch die Teilbarkeit für 7, 11 und 13 testen. Diese Regel nutzt aus, dass $7 \times 11 \times 13$ genau 1001 ergibt. Sie kennen die Märchen aus 1001 Nacht, daher heißt 1001 auch Märchenzahl. Das Verfahren funktioniert folgendermaßen:

Ich spalte die zu prüfende Zahl, zum Beispiel 134 768, von rechts beginnend in Gruppen zu je drei Ziffern auf. Dann ziehe ich die vorderste Gruppe, die aus bis zu drei Ziffern besteht, von der rechts daneben ab. Diese Schritte wiederhole ich mit der nächsten Dreiergruppe, die nun ganz vorn steht – und zwar so oft, bis nur noch eine höchstens dreistellige Zahl übrig bleibt. Wenn dieses Endergebnis durch 7, 11 oder 13 teilbar ist, gilt das auch für die ursprüngliche Zahl.

Rechnen mit der Märchenzahl

Das klingt komplizierter, als es ist! Nehmen wir folgendes Beispiel:

134768 wird zu 134 | 768

Wir streichen die 134 vorn und ziehen diese Zahl von 768 ab.

$$
\begin{array}{r}
134 \mid 768 \\
-134 \\
\hline
=634
\end{array}
$$

634 ist weder durch 7, 11 oder 13 teilbar – wie Sie das schnell prüfen können, habe ich eben erklärt. Deshalb teilen weder 7, 11 noch 13 die Ausgangszahl 134 768.

Ich möchte die Märchenzahl-Methode noch an zwei weiteren Zahlen vorführen – und zwar an 24332 und 123456789

70

```
24 | 332
 -  24
 = 308
```

308 ist nicht durch 13, aber durch 7 und 11 teilbar. Das haben wir eben mit der Methode des Streichens der 0 überprüft. Deshalb ist auch 24332 ein Vielfaches von 7 und 11.

Besonders beeindruckend finde ich die 1001-Methode beim Prüfen großer Zahlen.

123456789 wird zu 123 | 456 | 789

Wir ziehen 123 von 456 ab, und im zweiten Schritt das Zwischenergebnis 333 von 789:

```
123 | 456 | 789
   -123
 = 333 | 789
      -333
    = 456
```

Das Ergebnis 456 ist weder durch 7, 11 noch durch 13 teilbar. Dies gilt damit auch für 123456789.

Es kann übrigens passieren, dass Sie bei der Rechnung in den Bereich der negativen Zahlen geraten. Geschieht dies, bevor das höchstens dreistellige Endergebnis erreicht ist, rechnen Sie wie gewohnt weiter – berücksichtigen dabei aber das negative Vorzeichen:

```
441 | 221 | 333
   -441
 = -220 | 333
```

Weiter geht's mit

```
-220 | 333
    -(-220)
  =  553
```

7 teilt 553 und deshalb auch 441221333, 11 und 13 sind keine Teiler.

Selbst wenn die im letzten Schritt mit der 1001er-Regel berechnete Zahl negativ sein sollte, ist das kein Problem für das Überprüfen der Teilbarkeit. Die Zahl −22 beispielsweise ist glatt durch 11 teilbar, −23 hingegen nicht. Wir können ein eventuell im letzten Schritt auftretendes Minus also einfach ignorieren.

Ahnen Sie, was hinter der Märchenzahl-Regel steckt? Im Grunde habe ich es schon verraten. Bei der Methode ziehe ich mehrmals hintereinander von einer Zahl das 1001-Fache einer anderen Zahl ab. An den Resten der ursprünglichen Zahl beim Teilen durch 7, 11 oder 13 ändert sich durch diese Operation nichts, denn die abgezogene Zahl ist ein Vielfaches von $1001 = 7 \times 11 \times 13$, hat also bei der Division durch 7, 11 und 13 den Rest 0.

In unserem Beispiel 123456789 lautet der erste Schritt in vollständiger Form:

```
  123456789
-123123000
=   333789
```

Die Zahl 123123000 entspricht $123 \times 1001 \times 10^3$. Der zweite Schritt lautet:

$$333789$$
$$-333333$$
$$= \quad 456$$

Die Zahl 333333 entspricht 333×1001, also ebenfalls einem Vielfachen von 1001.

Das Kreuz mit dem Teilen

Das Rechnen mit der Märchenzahl ist genial – damit hat sich das Thema Teilbarkeitsregeln aber noch längst nicht erschöpft. In einem bereits 1931 erschienenen Buch von Karl Menninger habe ich ein allgemeines Verfahren entdeckt, das für beliebige zweistellige Teiler und sogar für manche dreistelligen funktioniert.

Die Methode basiert auf sogenannten Ergänzungsresten und funktioniert im Prinzip genauso wie die eben erläuterten Tricks. Sie ist eine Verallgemeinerung der Märchenzahlregel. In beiden Fällen ziehe ich von meiner zu prüfenden Zahl wiederholt ein Vielfaches meines Teilers ab und verkleinere diese dadurch immer weiter.

Beim Arbeiten mit Ergänzungsresten muss ich für jeden Teiler zunächst eine geschickte Darstellung der Zahl 100 oder 1000 finden. Ich suche dabei ein Vielfaches des Teilers, das möglichst nahe an der 100 oder der 1000 liegt. Was dann noch bis zur 100 oder 1000 fehlt, nenne ich Ergänzungsrest.

Wie das geht, versteht man am besten an konkreten Beispielen. Bei der 7 gilt $7 \times 14 + 2 = 100$. Wenn ich die Zahl 833 auf die Teilbarkeit durch 7 prüfen will, streiche ich die Hunderterstelle 8 links weg, muss aber 8×2 hinzuaddieren, damit ich die Ausgangszahl tatsächlich um ein Vielfaches von 7 verkleinert habe.

833
$+16$
$=49$

49 ist nun aber durch 7 teilbar, also muss das auch für 833 zutreffen. Und in der Tat ist $7 \times 119 = 833$.

Das Verfahren mit Ergänzungsresten funktioniert am besten, wenn der Rest zu 100 oder zu 1000 möglichst klein ist. Beim Teiler 111 ist das der Fall, denn $9 \times 111 + 1 = 1000$.

Ist zum Beispiel 45334 durch 111 teilbar? Ich ziehe 45×1000 ab und addiere 45×1 hinzu, sodass ich letztlich 45×999 abgezogen habe und damit ein Vielfaches von 111.

45335
$+\quad 45$
$=\ 380$

Weil 380 kein ganzzahliges Vielfaches von 111 ist, ist auch 45335 nicht durch 111 teilbar.

Unser Märchenzahltrick entpuppt sich bei genauerer Betrachtung tatsächlich als Spezialfall des Verfahrens mit Ergänzungsresten. Es gilt bekanntlich $7 \times 11 \times 13 - 1 = 1000$. Der Ergänzungsrest ist in diesem Fall -1, also negativ. Wenn ich bei der zu prüfenden Zahl die Tausender streiche, muss ich die gestrichene Zahl zusätzlich von der übrig bleibenden dreistelligen Zahl abziehen, damit die Rechnung wieder stimmt.

Das Rechnen mit Ergänzungsresten kann im Einzelfall etwas umständlich sein – es stammt aber auch aus einer Zeit, als es noch keine Taschenrechner gab. Sehen wir uns ein Beispiel mit dem Teiler 19 an. Ist 5339 durch 19 teilbar? Es gilt $19 \times 5 + 5 = 100$. Wir ziehen 5300 von 5339 ab und addieren dann $53 \times 5 = 265$ hinzu.

$$-5339$$
$$+265$$
$$=304$$

Diese Zahl verkleinere ich weiter, indem ich 300 abziehe und
$3 \times 5 = 15$ hinzurechne.

$$-304$$
$$+15$$
$$=19$$

Also ist 5339 durch 19 teilbar. Der Taschenrechner bestätigt
dies $5339 : 19 = 281$.

Das Verfahren mit Ergänzungsresten mag immer zum Ziel
führen, im Alltag, glaube ich, brauchen wir es kaum. Da greifen wir doch eher zum Taschenrechner, der ja mittlerweile
auf jedem Mobiltelefon Standard ist. Trotzdem finde ich die
Methode interessant – und deshalb habe ich sie hier vorge-
stellt. Das Rechnen mit Quersummen und der Märchenzahl
1001 ist hingegen so einfach, dass es durchaus alltagstauglich
ist. Mit diesen Methoden können Sie die Teilbarkeit für 3, 7,
9, 11 und 13 testen. Nimmt man die altbekannten Regeln für
2, 4, 5 und 8 hinzu, dürfte auf einem Kindergeburtstag beim
Aufteilen der Bonbons kaum noch etwas schiefgehen.

Wer die Regeln geschickt kombiniert, kann auch schnell
die Teilbarkeit durch viele weitere Zahlen wie 6, 12, 18 und
sogar 99 prüfen. Eine gerade Zahl beispielsweise, deren Quersumme durch 3 teilbar ist, muss auch durch 6 teilbar sein.
Und wenn die Quersumme durch 9 und die alternierende
Quersumme durch 11 teilbar ist, dann ist die Zahl auch durch
$9 \times 11 = 99$ teilbar.

Die Probe aufs Exempel

Man kann Quersummen sogar nutzen, um die Richtigkeit einer Rechnung zu überprüfen. Als es noch keine Taschenrechner gab, war dies eine gängige Methode. Die sogenannte Neuner- und die Elferprobe liefern eine hohe, wenn auch nicht hundertprozentige Sicherheit, dass eine Rechnung stimmt.

Beide Proben beruhen darauf, dass ich den Rest einer Summe, eines Produkts oder einer Differenz beim Teilen durch 9 beziehungsweise 11 auch direkt aus den Ausgangszahlen berechnen kann. Wenn Zahl a den Rest 1 hat und Zahl b den Rest 2, dann hat ihr Produkt zwangsläufig den Rest $1 \times 2 = 2$ und ihre Summe den Rest $1 + 2 = 3$.

Ich kann die Neunerprobe und die Elferprobe jeweils allein anwenden:

$$\begin{aligned} & 1235 \\ + & 5678 \\ = & 6813 \end{aligned}$$

Diese Rechnung ist laut Neunerprobe falsch, denn die Quersummen beider Summanden ergeben zusammen $2 + 8 = 10$, also 1. Die Summe 6813 hat die Quersumme 18, also 9. Auch bei der für den Teiler 11 genutzten alternierenden Quersumme zeigt sich der Rechenfehler, denn die Summe aus −3 und −2 ist nicht identisch mit −4.

Beide Proben helfen Ihnen auch heute, wenn Sie etwa ohne Taschenrechner schnell checken wollen, ob die Rechnung $17 \times 241 = 4099$ stimmt oder nicht, ohne 17×241 ausrechnen zu müssen. Die Neunerprobe ergibt: Quersumme $17 \times$ Quersumme $341 = 8 \times 7 = 56$, davon die Quersumme ist 11, und die Quersumme von 11 ist 2. Die Quersumme von 4099 ist 22, woraus 4 wird. Daraus folgt: Die Gleichung $17 \times 241 = 4099$ ist falsch, denn links und rechts bleiben unterschiedliche Reste beim Teilen durch 9.

Es kann im Einzelfall durchaus passieren, dass man sich so verrechnet, dass die Neunerprobe trotzdem stimmt. Das ist dann der Fall, wenn sich das berechnete Ergebnis um ein Vielfaches von 9 vom richtigen Ergebnis unterscheidet – oder wenn man einen Stellenfehler gemacht hat, also 870 statt 87 als Ergebnis stehen hat. Kombiniert man die Neuner- und die Elferprobe miteinander, dann werden neben Stellenfehlern nur Rechenfehler nicht erkannt, die um ein Vielfaches von 99 danebenliegen.

Sie haben in diesem Kapitel viele Teilerregeln aufgefrischt oder neu gelernt. Und womöglich zweifeln Sie immer noch ein bisschen, ob man diese wirklich braucht. Die für mich faszinierendsten Anwendungen der Neunerprobe warten in den Kapiteln 7 und 9 auf Sie. Eine Reihe von mathematischen Zaubertricks nutzt geschickt die Gesetze des Rechnens mit Quersummen – Sie werden staunen!

Aufgaben

Aufgabe 11 *
Woran erkennen Sie, ob eine Zahl durch 16 teilbar ist?

Aufgabe 12 * *
Welche der folgenden Zahlen ist durch 55 teilbar?

3938
2512895
4541680

Aufgabe 13 * *
Ist eine der folgenden Zahlen durch 7, 11 oder 13 teilbar?

15575
258262
24336
65912
22221111

Aufgabe 14 * *
m und n sind natürliche Zahlen. Zeigen Sie: Wenn $100m + n$ durch 7 teilbar ist, dann ist auch $m + 4n$ durch 7 teilbar.

Aufgabe 15 * * * *

Finden Sie die kleinste Primzahl, die beim Teilen durch 5, 7 und 11 jeweils den Rest 1 lässt!

Guter Halt garantiert:
Knoten mit System

Schleifen binden will gelernt sein, denn dabei kann man einiges falsch machen. Selbst Krawattenknoten sind vor einer mathematischen Analyse nicht sicher – und diese zeigt, dass es 85 verschiedene gibt!

Als ich zum ersten Mal einen Palstek machte, war ich baff. Der Knoten, den ich im Segelkurs kennengelernt hatte, hielt eine Tonne Last aus – und man konnte ihn hinterher trotzdem problemlos wieder öffnen.

Bis zu meinem 30. Lebensjahr war ich völlig unbeleckt in Sachen Knoten. Ich wusste, wie man eine Schleife bindet und einen Doppelknoten macht. Und irgendwie kam ich damit auch ganz gut zurecht. Doch dann verschlug es mich nach Norddeutschland – und ich lernte Segeln. Prüfungsthema waren dabei auch Palstek, Schotstek und halbe Schläge.

Ich kaufte mir ein Buch über Knoten und staunte: So viele verschiedene Arten, eine Schlinge aus einem Seil zu legen! Und zwei Knoten können sehr ähnlich aussehen, aber sehr unterschiedliche Eigenschaften haben. Warum ist das so? Und wie viele Möglichkeiten gibt es überhaupt, zwei Seile miteinander zu verbinden?

Ich ahnte: Knoten haben sicher eine Menge mit Mathematik zu tun. Inzwischen weiß ich, dass Knotentheorie nicht nur Krawatten schöner aussehen lässt – dazu später mehr. Sie lässt uns auch entspannter durchs Leben gehen. Denn eine intelligent gebundene Schleife am Schuh geht viel seltener auf als jene Schleifen, die ich als Kind gelernt habe.

Palstek: Leicht zu öffnen und hält super

Fangen wir aber erst einmal mit etwas Theorie an. Knoten gehören in ein Teilgebiet der Geometrie – die sogenannte Topologie. Darin geht es um Strukturen, die ihre Eigenschaften nicht verändern, auch wenn man sie dehnt oder verzerrt. Stellen Sie sich vor, räumliche Gebilde bestünden aus Knetmasse. Sie dürfen diese beliebig verformen. Nur Löcher reißen ist verboten – und natürlich auch das Verschließen bestehender Löcher.

Man soll Äpfel zwar nicht mit Birnen vergleichen, topologisch gesehen sind sie jedoch identisch. Gleiches gilt für eine Banane und einen Apfel. Und selbst eine Kugel und ein Glas sind identisch, denn man kann sie durch Verformung ineinander überführen. Stellen Sie sich eine Kugel aus Knetmasse vor. Wenn Sie von oben mit dem Daumen eine Vertiefung in die Kugel drücken, haben Sie bereits die Grundform eines Glases erzeugt.

Anders sieht es aus, wenn wir eine Tasse mit Henkel und eine Kugel vergleichen. Wegen des Henkels hat die Tasse ein Loch. Die Kugel wiederum hat kein Loch. Ein Donut hingegen kann problemlos in eine Tasse überführt werden. Wir müssen nur an einer Stelle im Donut mit dem Daumen eine Vertiefung erzeugen – das ist die Stelle, in die wir bei einer Tasse den Kaffee hineinschütten.

Topologie: Eine Tasse ist keine Kugel

© Oliver Mann

Was ist nun ein Knoten? Ein Nichtmathematiker würde einfach auf seine Schnürsenkel zeigen und vielleicht noch etwas von ineinander verschlungenen Bändern erzählen. Meist denken wir bei Knoten an zwei Seilenden, die miteinander verbunden sind. Oder an ein Seil, das wir beispielsweise an einer Stange festbinden.

In der Knotentheorie sind das jedoch Spezialfälle. Um Knoten einheitlich klassifizieren zu können, arbeiten Mathematiker mit einem ringförmig geschlossenen Seil und untersuchen, welche Strukturen damit möglich sind. Der einfachste Fall ist ein Ring ohne Knoten. Aber ein geschlossenes Seil kann auch extrem verschlungen beziehungsweise verknotet sein. Die Frage, die sich ein Mathematiker stellt, lautet:

Haben zwei auf den ersten Blick unterschiedlich verknotete Seilen die gleiche topologische Struktur? Kann ich also den einen Knoten in den anderen überführen? Natürlich ohne eine Schere zu benutzen.

Vom Äther zum Knoten

Menschen benutzen Knoten schon seit sehr langer Zeit. Sie tauchen wie etwa der Gordische Knoten in griechischen Sagen auf. In der Antike beliebt war auch der sogenannte Herkulesknoten, der später auch Liebesknoten genannt wurde, heute aber meist einfach als Kreuzknoten bezeichnet wird.

Seefahrer, Angler, Bergsteiger, Chirurgen – sie alle brauchen Knoten. Die Knotentheorie geht auf den berühmten britischen Physiker Lord Kelvin (1824–1907) zurück. Nach ihm wurde die offizielle Einheit der Temperatur Kelvin genannt.

Kelvins Verdienste in der Physik sind unbestritten, er ging aber auch einige Irrwege, wie wir heute wissen. Damals glaubte man noch an die Existenz eines Äthers, der unsichtbar ist und den Raum durchdringt. Kelvin versuchte, die Verschiedenartigkeit chemischer Elemente mit unterschiedlichen Verknotungen der Ätherwirbel zu erklären. Seine skurrile Theorie scheiterte – aber immerhin war die Lehre von den Knoten geboren.

Die Knotentheorie war lange Zeit kaum mehr als eine mathematische Spielerei. Doch inzwischen ist sie ein wichtiges Werkzeug von Biochemikern, die die Strukturen kompliziert gefalteter Moleküle untersuchen, beispielsweise der DNA.

Aber auch im Alltag kann uns Knotentheorie helfen. Beginnen möchte ich mit den Schnürsenkeln. Ich weiß nicht, wie es Ihnen geht, aber ich habe oft Probleme mit gebundenen Schleifen, die sich einfach so öffnen. Meist habe ich die beiden Schleifen dann zur Sicherheit noch mal verknotet, was aber das Öffnen der Schuhe erschwert. Immerhin hält die Schleife dann aber.

© Oliver Mann

Gebundene Schleife: Hält sie?

Wie wichtig gut gebundene Schuhe sind, zeigt sich im Sport. Selbst Weltklasseläufern passiert es gelegentlich, dass die Schnürsenkel offen sind. Der Jamaikaner Usain Bolt sprintete in Peking 2008 zu Olympiagold – aber mit offenen Schnürsenkeln. Seine Spikes waren allerdings so eng anliegend, dass er trotzdem einen neuen Weltrekord aufstellte.

Für Marathonläufer sind offene Schuhe ein viel größeres Problem. Der Kenianer John Kagwe musste beim New-York-Marathon 1997 gleich zweimal auf der Strecke stoppen, um die Schuhe neu zu schnüren. Er gewann das Rennen trotzdem. Wer selbst läuft, weiß allerdings genau, wie ungern man anhält und wie schnell man dabei aus dem Rhythmus kommt.

Bei der Recherche für dieses Kapitel musste ich feststellen, dass mein eigenes Schnürsenkelproblem auf einer falschen Knotentechnik beruht. Eine Schnürsenkelschleife besteht letztlich aus zwei einfachen Knoten. Nur dass man beim zweiten Mal nicht die beiden Senkelenden, sondern zwei Schleifen durch den Knoten zieht. Dadurch lässt sich dieser zweite Knoten mit einem Zug an den offenen Schnürsenkelenden leicht öffnen.

Das Kreuz mit der Schleife

Topologisch gesehen, gibt es zwei Varianten der klassischen Schnürsenkelschleife: Entweder sind beide einfachen Knoten gleich ausgeführt – oder verschieden.

Macht man beide Knoten auf die gleiche Weise, führt also beispielsweise immer das linke Ende von hinten um das rechte herum, ist das Ergebnis ein sogenannter Altweiberknoten.

Altweiberknoten   Kreuzknoten

Wechselt man hingegen die Orientierung der beiden Knoten, erhält man einen sogenannten Kreuzknoten – und der hält wesentlich besser als der Altweiberknoten, den ich als Kind gelernt habe.

Bei einer gebundenen Schleife ist auf den ersten Blick nicht unbedingt zu erkennen, ob sie als Altweiber- oder als Kreuzknoten gebunden ist. Einen Hinweis liefert die Orientierung der Schleife: Wenn die Schlaufen quer zur Längsrichtung des Schuhs stehen, handelt es sich wahrscheinlich um einen Kreuzknoten. Verlaufen die Schlaufen längs zum Schuh, dürfte ein Altweiberknoten dahinterstecken.

Es gibt aber einen einfachen Trick, um die Knotenart herauszufinden. Ziehen Sie nicht an beiden Schnürsenkelenden – so öffnen Sie ja den Schuh, sondern an den beiden Schlaufen. Dadurch ziehen Sie die beiden offenen Enden durch den zweiten Knoten hindurch und es entsteht das, was wir landläufig als Doppelknoten bezeichnen.

Kreuzknoten (links) und Altweiberknoten (rechts)

Schauen Sie sich diesen Doppelknoten nun genauer an. Sie müssen ihn eventuell etwas lockern und drehen – aber dann sollten Sie wissen, woran Sie sind. Vergleichen Sie Ihren Knoten mit den beiden Fotos links. Entweder handelt es sich um einen Kreuzknoten. In diesem Fall beherrschen Sie die richtige Schnürsenkeltechnik bereits – Gratulation.

Oder aber es ist ein Altweiberknoten. Ist das der Fall, sollten Sie sich eine neue Schnürsenkeltechnik aneignen. Das Einfachste ist, beim ersten Schritt, dem ersten Knoten, die Enden genau andersherum zu führen. Wenn Sie sich angewöhnt haben, stets das rechte Ende von hinten um das linke zu führen, dann legen Sie künftig das rechte Ende von vorn über das linke. Probieren Sie es aus – die Kreuzknotenschleife hält wirklich viel besser. Bei mir problemlos den ganzen Tag.

Wenn Sie Ihre Schnürsenkel-Bindetechnik noch weiter verbessern möchten, empfehle ich Ihnen die Webseite des Australiers Ian Fieggen. Der Informatiker hat das Schuhbinden systematisch analysiert und stellt unter der Adresse fieggen.com auch eine selbst entwickelte Bindetechnik vor. Das Ergebnis ist eine klassische Schleife mit Kreuzknoten – man bindet sie aber deutlich schneller als mit der herkömmlichen Methode, die wir als Kind erlernt haben. Der Australier zeigt auch Bindetechniken für noch haltbarere Knoten. Diese sind laut Fieggen immer dann nötig, wenn die Schnürsenkel sehr glatt sind, etwa weil sie aus Nylon bestehen.

Hauptsache, gut verschnürt

Das Thema Schnürsenkel ist damit noch nicht erschöpft. Denn es gibt nicht nur verschiedene Wege, Schleifen zu binden. Auch bei der Schnürung, also der Art und Weise, wie die Senkel durch die Löcher gezogen werden, existieren viele Möglichkeiten. Und zwar so viele, dass einem schwindelig wird.

Die Theorie des Schnürens geht auf den australischen Mathematiker Burkard Polster zurück. Im Jahr 2002 publizierte er im renommierten Wissenschaftsmagazin »Nature« einen kleinen Artikel über die erstaunlich vielen Schnürvarianten.

»Ich denke, niemand war mehr über das große öffentliche Interesse an dem Thema überrascht als ich«, sagte der Australier später.

Schon bei der Frage, wie man eine Schleife bindet, haben wir gesehen, dass Knotentheorie eine Menge mit Kombinatorik zu tun hat. Eine Schleife besteht im Grunde aus zwei einfachen Knoten. Jeder dieser Knoten kann auf zwei Weisen ausgeführt werden – entweder beginnt man mit dem rechten Senkel oder mit dem linken. Insgesamt gibt es daher 2 x 2 = 4 Varianten, eine Schleife zu binden. Zwei davon sind Kreuzknoten, das sind jene, bei denen die beiden Knoten unterschiedlich orientiert sind. Die anderen zwei sind schlecht haltende Altweiberknoten.

Schnürvarianten: Stern (links) und der Klassiker Überkreuz (rechts)

Beim Schnüren ist die Zahl der Varianten ungleich größer. Das zeigt schon der Blick auf das unterste Löcherpaar. Durch dieses müssen wir unseren Schnürsenkel ja auf jeden Fall fädeln, um den Schuh schnüren zu können. Aber schon dabei gibt es vier Möglichkeiten. Ich kann die beiden Enden des Senkels durch beide Löcher von oben führen oder von unten. Oder aber ich fädele sie verschieden ein: links von oben und rechts von unten beziehungsweise rechts von oben und links von unten.

Kunst mit Schnürsenkeln: Teufel (links) und Zigsag (rechts)

© Oliver Mann

Das erste Löcherpaar haben wir gemeistert – und nun wird es kompliziert. Ich kann beide Enden diagonal nach oben ins nächste Löcherpaar führen. Möglich ist aber auch, die Senkel nicht diagonal, sondern senkrecht nach oben zum darüberliegenden Loch zu ziehen. Oder ich fädele nur ein Ende in das Löcherpaar darüber und das andere ins übernächste Löcherpaar oder auch ganz nach oben. Diese Schnürung kennen Sie vielleicht von Sportschuhen, wenn man sie im Laden aus dem Karton nimmt.

Burkard Polster hat die Schnürtechniken nach verschiedenen Kriterien klassifiziert. Er unterscheidet acht verschiedene Schnürfamilien, darunter Überkreuz, Zickzack, Stern und Fliege (Bowtie). Zwei außergewöhnliche Schnürtechniken, bei denen die Senkel im Schuh nicht nur nach oben, sondern auch nach unten geführt werden, bevor sie schließlich das letzte Löcherpaar oben erreichen, nennt der Mathematiker Teufels- beziehungsweise Engelsschnürung. Zigsag heißt eine weitere Schnürfamilie, für die ich leider keine gute Übersetzung ins Deutsche gefunden habe. Bei all diesen Schnürungen wird jedes Schnürsenkelloch genau einmal benutzt.

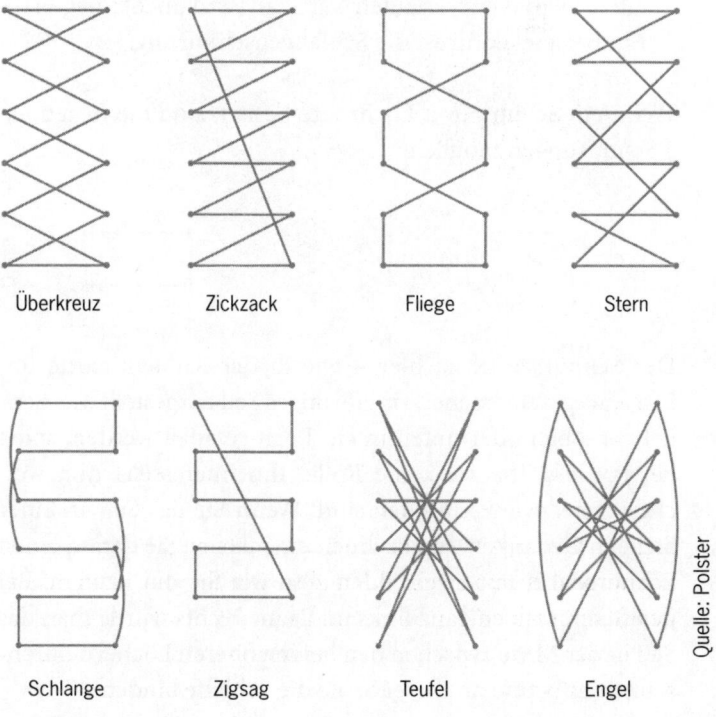

Überkreuz   Zickzack   Fliege   Stern

Schlange   Zigsag   Teufel   Engel

Quelle: Polster

Daneben unterscheidet Polster die verschiedenen Techniken auch noch nach anderen Eigenschaften:

- **dicht:** Die Senkel werden nirgends vertikal geführt, Beispiele dafür sind Überkreuz, Zickzack und Stern.
- **einfach:** Die Senkel werden nirgends zurück zu einem unteren Loch geführt, sondern nur zu benachbarten oder höher liegenden Löchern. Teufel und Engel gehören nicht dazu.
- **gerade:** Die Schnürung enthält alle horizontalen Verbindungen, wie etwa Zickzack und Schlange.
- **supergerade:** Die Schnürung ist gerade, alle nicht horizontalen Segmente verlaufen vertikal (und nicht diagonal). Ein Beispiel dafür ist die Schlangenschnürung.

Wenn ein Schuh nur 2 Lochpaare besitzt, sind die folgenden 3 Schnürungen möglich:

Quelle: Polster

Der Schnürsenkel ist hier – wie in der Knotentheorie üblich – als geschlossenes, ringförmiges Seil dargestellt. Ob Senkel von oben oder unten in ein Loch gefädelt werden, spielt bei Polsters Theorie keine Rolle. Ihn interessiert nur, welche Löcher wie verbunden sind. Wenn Sie das Seil an einer Stelle in Gedanken durchschneiden, machen Sie daraus einen Schnürsenkel mit zwei Enden – so wie Sie ihn kennen. Bei den Schnürungen ganz links und ganz rechts würde man das Seil in der Mitte zwischen den beiden oberen Löchern durchschneiden – und an dieser Stelle die Schleife binden:

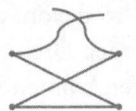  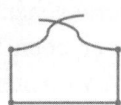

Bei der mittleren Schnürung wird das Binden einer Schleife zu einer kleinen Herausforderung. Entweder ich setze den fiktiven Schnitt bei einem der beiden diagonal verlaufenden Senkel – die Schleife würde dann diagonal verlaufen. Oder ich schneide direkt an einem der oberen Löcher und führe ein Ende anschließend zum benachbarten Loch. In der Zeichnung oben ist diese zusätzliche Querverbindung gestrichelt dargestellt. Anschließend kann ich auch hier eine normale Schleife binden, und die gestrichelte Querverbindung wird dann von der Schleife verdeckt. Sie sehen an diesem Beispiel, dass mitunter einige Extrawege nötig sind, um Knotentheorie praktisch umzusetzen.

Bei 3 Lochpaaren gibt es bereits 42 Varianten.

Die vorangehende Abbildung zeigt nur 16 davon, die übrigen 26 ergeben sich durch Spiegelung oder Drehung aus diesen 16 Varianten. Sie sehen, Schnürungen können schnell unübersichtlich werden.

Bei einem Schuh mit 6 Lochpaaren kommt man laut Polster auf 3,7 Millionen Varianten. Sind es 8 Lochpaare, ergeben sich 52,7 Milliarden Möglichkeiten! Die Frage ist natürlich, ob es unter diesen vielen Varianten vielleicht eine Schnürung gibt, die besser ist als jene, die wir kennen und benutzen.

Wenn Sie einfach die kräftigste Schnürung suchen, also jene, welche die beiden Seiten des Schuhs am besten zusammenzieht, dann ist die Antwort von Polster verblüffend einfach. Die beiden am häufigsten genutzten Techniken, Überkreuz und Zickzack, liefern den besten Zug. Das erscheint plausibel – Polster hat es aber mit der Akribie eines Mathematikers gezeigt.

5 Löcherpaare: 4 von 51840 möglichen Varianten

Doch es geht beim Schnüren ja nicht immer nur um die höchste Stabilität. Was macht man beispielsweise, wenn die Schnürsenkel ein Stück zu kurz sind und man sich keine längeren besorgen kann? Für diesen Fall empfiehlt Polster die Fliege (englisch Bowtie). Sie ist die kürzestmögliche überhaupt, sofern man alle Löcher benutzt.

Mancher Hobbyläufer meidet stabile Schnürungen aber aus einem ganz anderen Grund: Ein hoher Druck auf dem Fußrücken belastet die Nerven und Blutgefäße. Schmerzen können die Folge sein. Abhilfe kann hier die weniger feste Schlangenschnürung schaffen. Um den Rist zu entlasten, lassen manche Jogger auch einfach ein, zwei Lochpaare im kritischen Bereich aus.

Falls jemand unter blauen Zehennägeln leidet, obwohl die Laufschuhe nicht zu klein sind, gilt Zickzack als gute Lösung. Vom untersten äußeren Loch, das dem kleinen Zeh am nächsten ist, zieht man dabei ein Schnürsenkelende direkt zum gegenüberliegenden obersten Loch. Das andere Ende wird dann durch alle Löcher nach oben gefädelt. Diese Schnürung soll den Zehen etwas mehr Raum lassen.

Für alle Läufer, die an der Ferse besonders viel Stabilität brauchen, gibt es die sogenannte Marathonschnürung – auch Fersenhaltschnürung genannt. Vielleicht ist Ihnen an manchem Turnschuh auch schon einmal das Lochpaar ganz oben aufgefallen, das sich ungewöhnlich weit hinten am Schuh befindet.

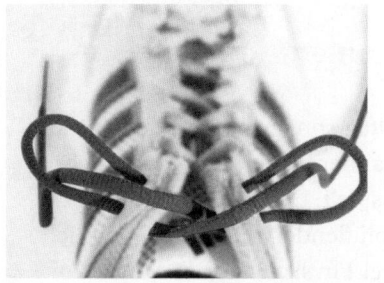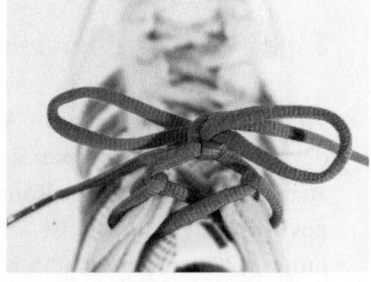

Marathonschnürung: mehr Stabilität in der Ferse

Die Marathonschnürung nutzt diese Löcher – aber die Schleife sitzt trotzdem ein Stück weiter vorn –, nämlich etwa zwischen vorletztem und letztem Lochpaar. Für diese Schnürung nehmen Sie die beiden Senkelenden, die aus den beiden vorletzten Löchern herauskommen, und stecken sie von außen in das jeweils darüberliegende oberste Loch. Ziehen Sie die Enden jedoch nicht ganz durch – wir brauchen die dabei entstandenen Schlaufen nämlich noch.

Nun nehmen Sie jedes der beiden Enden, führen es durch die jeweils gegenüberliegende Schlaufe nach und ziehen beide Enden nach außen – genau wie auf dem Foto auf S. 97 links. Im letzten Schritt binden Sie wie gewohnt die Schleife (Foto S. 97 rechts). Diese sitzt dann ein Stück höher, als wenn Sie sie über dem vorletzten Löcherpaar binden würden. Zudem bietet sie mehr Halt, weil sich die Senkel unter der Schleife noch einmal kreuzen.

Wenn Sie tiefer in die Materie einsteigen möchten, empfehle ich Ihnen das von Polster geschriebene Buch »The Shoelace Book – A Mathematical Guide to the Best (and Worst) Ways to Lace Your Shoes« (nur auf Englisch erhältlich).

Topologie für den Gentleman

Wenn wir über Knoten im Alltag sprechen, kommen wir an der Krawatte kaum vorbei. Sie ahnen sicher, dass Knotenlehre auch dabei eine wichtige Rolle spielt. Die umfassende Theorie des Krawattenknotens ist verblüffenderweise noch ziemlich jung. 1999 veröffentlichten zwei Physiker vom St. Jones College in England einen Artikel darüber im Wissenschaftsmagazin »Nature«. Thomas Fink und Yong Mao beschreiben darin 85 verschiedene Möglichkeiten, eine Krawatte zu binden.

Fink und Mao haben für den Krawattenknoten sogar einen eigenen Formalismus entwickelt. Das klingt kompliziert – ist es aber nicht, wie Sie gleich sehen werden.

Wenn wir eine Krawatte binden, machen wir mit dem breiten, aktiven Ende einen wie auch immer gearteten Knoten um das schmale Ende, das passiv bleibt. Um eine anliegende Krawatte zu lockern oder abzunehmen, ziehen wir das schmale Ende einfach nach oben oder gleich ganz aus dem Knoten heraus.

Welcher von 85 Krawattenknoten soll's werden?

Um Krawattenknoten zu beschreiben, reicht es aus, die Bewegungen des breiten, aktiven Endes zu betrachten.

Nehmen wir an, wir stehen vor einer Person und wollen ihr die Krawatte binden. Wir legen die Krawatte dabei stets so um den Hals, dass das breite Ende auf der rechten Seite liegt.

Nun folgt die erste Aktion: Wir führen das aktive Ende auf die linke Seite, sodass es das passive, gerade herunterhängende Ende kreuzt. Eine solche Bewegung nach links bezeichnen wir mit **L**. Dabei sind zwei Varianten möglich: Ent-

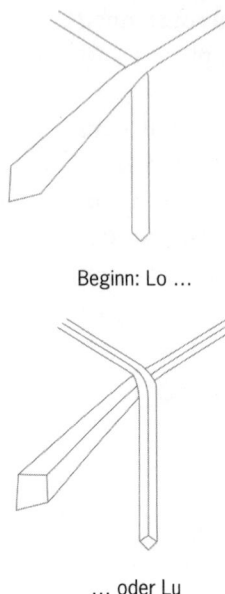

Beginn: Lo ...

... oder Lu

weder lege ich das aktive Ende oben über das passive – bezeichnet als **Lo** (o steht für oben). Oder aber ich führe es unter dem passiven Ende entlang – diese Bewegung heißt **Lu** (u steht für unten). Der erste Schritt lautet also entweder **Lo** oder **Lu**.

Zu beachten ist noch, dass die Krawatte bei den beiden Varianten unterschiedlich um den Hals geschlungen werden muss. Bei **Lu** ist die Rückseite der Krawatte, also die Naht, außen. Bei **Lo** liegt die Krawatte so, dass wir die Naht nicht sehen.

Wie geht das Binden nun weiter? Schon nach dem ersten Schritt sehen wir, dass der passive Teil der Krawatte die Brust in drei Bereiche einteilt: oberhalb des Knotens, unterhalb des Knotens rechts vom passiven Ende und unterhalb des Knotens links vom passiven Ende. Das breite, aktive Ende befindet sich nach jedem Schritt des Bindens in einem der drei Segmente und wird dann von dort in eines der beiden anderen Segmente geführt.

Möglich sind dabei insgesamt sechs verschiedene Bewegungen. Neben **Lo** und **Lu** gehören dazu natürlich auch **Ro** und **Ru**. R-Bewegungen führen das aktive Ende in das Segment rechts vom passiven Ende. Die verbleibenden zwei möglichen Bewegungen führen nach oben. Das aktive Ende befindet sich danach am Kinn oder Hals. Wir nennen diese Bewegung **Zo** und **Zu**, je nachdem, ob die Bewegung von vorn über den Knoten oder von hinten unter dem Knoten nach oben führt.

Ganz frei können wir die sechs möglichen Schritte

Lo, **Lu**, **Ro**, **Ru**, **Zo**, **Zu**

freilich nicht miteinander kombinieren. Zum einen folgt auf eine **o**-Bewegung stets eine **u**-Bewegung – und auf **u** immer **o**. Denn wenn wir das aktive Ende zum Hemd hin über den Knoten führen, müssen wir es im nächsten Schritt zwingend unter dem Knoten vom Hemd wegführen. Zum anderen können wir dasselbe Segment nicht zweimal hintereinander ansteuern. **Lo Lu** sind ebenso unmöglich wie **Ro Ru** oder **Zo Zu**.

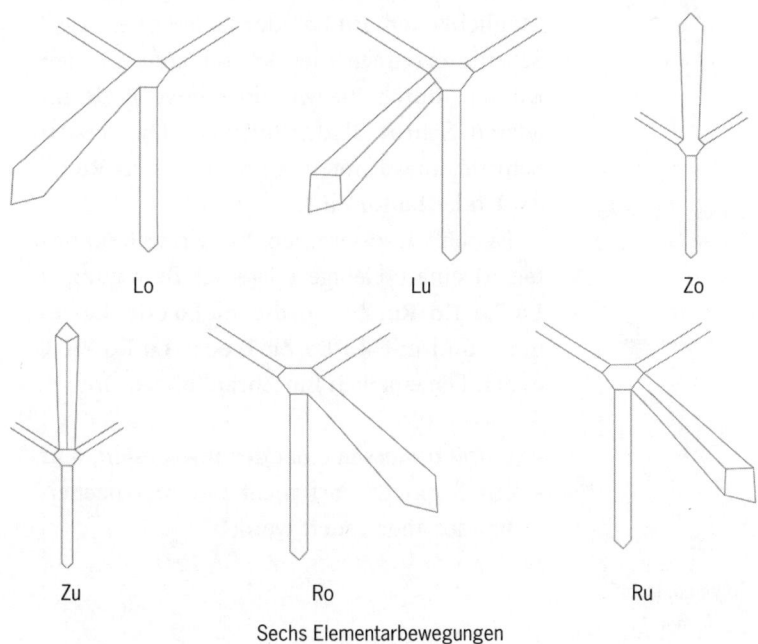

Lo   Lu   Zo

Zu   Ro   Ru

Sechs Elementarbewegungen

Die abschließenden Bewegungen sind bei allen Knoten gleich. Das aktive Ende muss das passive eine komplette Runde umschlingen und schließlich unter dem Knoten nach oben geführt werden (**Zu**). Von dort fädeln wir das aktive Ende durch die zuvor gelegte oberste Schlaufe des Knotens nach unten. Diesen letzten Schritt nennen wir **T**.

Gut kombiniert

Abschluss: Ru Lo Zu T (oben) …

… oder Lu Ro Zu T (unten)

Weil die vorletzte Bewegung **Zu** lautet und **u** und **o** einander stets abwechseln, gibt es für die beiden Bewegungen davor genau zwei Möglichkeiten: **Ru Lo** oder **Lu Ro**. Diese zwei Schritte erzeugen die Querschlaufe um den Knoten, durch die wir das aktive Ende im letzten Schritt T durchführen. Die letzten Schritte eines Knotens sind daher stets **Ru Lo Zu T** oder **Lu Ro Zu T**.

Fassen wir zusammen: Ein Krawattenknoten ist eine beliebige Folge der Bewegungen **Lo, Lu, Ro, Ru, Zo, Zu**, die mit **Lo** oder **Lu** beginnt und mit **Ru Lo Zu T** oder **Lu Ro Zu T** endet. Die einzigen Einschränkungen sind:

– **u** und **o** müssen einander abwechseln, und
– ein Segment darf nicht zweimal nacheinander angesteuert werden.

Schlicht und einfach: Four-in-hand

Schauen wir uns einfach mal den wohl bekanntesten Knoten an: den Four-in-hand. Wenn wir die abschließende Bewegung T weglassen – das werden wir ab jetzt bei allen Knoten tun –, besteht der Four-in-hand aus vier Schritten. Die Notation lautet:

Lo Ru Lo Zu

Der Four-in-hand ist wohl der gebräuchlichste Knoten. Er ist schmal und spitz zulaufend. Viele beherrschen ihn als einzigen Knoten überhaupt.

Wenn wir einen dickeren Knoten wünschen, müssen wir einfach noch mehr Elementarbewegungen ausführen. Wir könnten zum Beispiel beim Four-in-hand die Sequenz **Ru Lo** vor dem abschließenden **Zu** einmal oder zweimal wiederholen. Das ergäbe dann:

Lo Ru Lo Ru Lo Zu
Lo Ru Lo Ru Lo Ru Lo Zu

Wir könnten auch noch zwei **Z**-Bewegungen einfügen, müssten dabei aber einige **o** und **u** tauschen, damit sich **o** und **u** immer abwechseln. Aus

Lo Ru Lo Ru Lo Zu

würde so

Lo Ru Zo Lu Zo Ru Lo Zu

und aus

Lo Ru Lo Ru Lo Ru Lo Zu

erhielte man beispielsweise

Lo Ru Zo Lu Ro Zu Lo Ru Lo Zu

Je mehr Schritte ich mache, umso dicker wird der Knoten und umso mehr der Krawatte steckt in dem Knoten. Das passive Ende wird daher bei dickeren Knoten immer kürzer. Nun sind Krawatten aber nicht unendlich lang. Sie messen meist zwischen 1,30 und 1,45 Meter. Deshalb müssen wir die Anzahl der Schritte begrenzen. Thomas Fink und Yong Mao haben diese Grenze in ihrer Krawattentheorie bei neun Elementarbewegungen gezogen. Der zuletzt beschriebene Knoten **Lo Ru Zo Lu Ro Zu Lo Ru Lo Zu** überschreitet dieses Limit, denn er erfordert zehn Elementarbewegungen.

Das Limit für Krawattenknoten

Bei einer Beschränkung auf maximal neun Elementarbewegungen ergeben sich 85 verschiedene Krawattenknoten. Der einfachste Knoten, der sogenannte Oriental, erfordert nur drei Bewegungen. Unser Four-in-hand liegt bei vier. Die folgende Tabelle gibt eine Übersicht über die Zahl der Knoten abhängig von der Zahl der Elementarbewegungen:

Elementarbewegungen	3	4	5	6	7	8	9
Mögliche Knoten	1	1	3	5	11	21	43

Quelle: Fink/Mao

Doch was kombinatorisch möglich ist, ergibt nicht automatisch einen gut aussehenden Knoten. Ein wichtiges Kriterium dabei ist die Zahl der Bewegungen durchs Zentrum Z. Je mehr es davon gibt, umso breiter wird der Knoten. Viele L- und R-Bewegungen mit nur einer einzigen Z-Bewegung zu kombinieren, ist daher keine sinnvolle Option. Auch die Symmetrie ist wichtig. Die Anzahlen der L- und R-Bewegungen sollten möglichst nahe beieinander liegen. Und schließlich gibt es noch ein Kriterium, das Fink und Mao Ausgewogenheit nennen. Dabei geht es um eine harmonische Mischung der Bewegungsrichtungen.

Auch wenn die meisten Knoten den ästhetischen Ansprüchen nicht genügen, möchte ich Ihnen zumindest eine Übersicht über die 85 Methoden, eine Krawatte zu binden, geben. Die Knoten darin sind von 1 bis 85 durchnummeriert und nach der Anzahl der Elementarbewegungen B und der Bewegungen durchs Zentrum Z sortiert. Neben der Sequenz finden Sie in der Tabelle außerdem Angaben zu:

Name: Falls es sich um einen gebräuchlichen Knoten handelt, ist dessen Bezeichnung, wie Pratt oder Windsor, angegeben.

Symmetrie S: Differenz aus L- und R-Bewegungen. Eine Symmetrie von 1 bedeutet, dass eine der beiden Bewegungen einmal mehr ausgeführt wird als die andere.

Ausgewogenheit A: Wie oft wechselt die Bewegung des aktiven breiten Endes von im Uhrzeigersinn zu entgegen dem Uhrzeigersinn? Generell gilt: Weniger Wechsel lassen den Knoten besser aussehen.

Knotenstatus K: Öffnet sich der Knoten von selbst, wenn ich das passive Ende nach oben herausziehe? Dies ist beim Four-in-hand der Fall, aber längst nicht bei allen Knoten.

Nr.	Gr.	Z	Sequenz	S	A	K	Name
1	3	1	Lu Ro Zu T	0	0	nein	Oriental
2	4	1	Lo Ru Lo Zu T	1	1	ja	Four-in-hand
3	5	1	Lu Ro Lu Ro Zu T	0	2	nein	Kelvin
4	5	2	Lu Zo Ru Lo Zu T	1	0	ja	Nicky
5	5	2	Lu Zo Lu Ro Zu T	1	1	nein	Pratt
6	6	1	Lo Ru Lo Ru Lo Zu T	1	3	ja	Viktoria
7	6	2	Lo Ru Zo Lu Ro Zu T	0	0	nein	Halber Windsor
8	6	2	Lo Ru Zo Ru Lo Zu T	0	1	ja	
9	6	2	Lo Zu Ro Lu Ro Zu T	0	1	nein	
10	6	2	Lo Zu Lo Ru Lo Zu T	2	2	ja	
11	7	1	Lu Ro Lu Ro Lu Ro Zu T	0	4	nein	
12	7	2	Lu Ro Lu Zo Ru Lo Zu T	1	1	ja	St. Andrew
13	7	2	Lu Ro Zu Lo Ru Lo Zu T	1	1	ja	
...							
18	7	3	Lu Zo Ru Zo Lu Ro Zu T	0	1	nein	Plattsburgh
19	7	3	Lu Zo Ru Zo Ru Lo Zu T	0	2	ja	
20	7	3	Lu Zo Lu Zo Ru Lo Zu T	2	2	ja	
21	7	3	Lu Zo Lu Zo Lu Ro Zu T	2	3	nein	
22	8	1	Lo Ru Lo Ru Lo Ru Lo Zu T	1	5	ja	
23	8	2	Lo Ru Lo Zu Ro Lu Ro Zu T	0	2	nein	Cavendish
24	8	2	Lo Ru Lo Ru Zo Lu Ro Zu T	0	2	nein	
...							

Nr.	Gr.	Z	Sequenz	S	A	K	Name
31	**8**	**3**	**Lo Zu Ro Lu Zo Ru Lo Zu T**	**1**	**0**	**ja**	**Windsor**
32	8	3	Lo Zu Lo Ru Zo Lu Ro Zu T	1	1	nein	
...							
42	8	3	Lo Zu Lo Zu Lo Ru Lo Zu T	3	4	ja	
43	9	1	Lu Ro Lu Ro Lu Ro Lu Ro Zu T	0	6	nein	
44	**9**	**2**	**Lu Ro Lu Ro Zu Lo Ru Lo Zu T**	**1**	**3**	**ja**	**Grantchester**
...							
53	9	2	Lu Zo Lu Ro Lu Ro Lu Ro Zu T	1	5	nein	
54	**9**	**3**	**Lu Ro Zu Lo Ru Zo Lu Ro Zu T**	**0**	**0**	**nein**	**Hanover**
55	**9**	**3**	**Lu Ro Zu Ro Lu Zo Ru Lo Zu T**	**0**	**1**	**ja**	
56	9	3	Lu Ro Zu Lo Ru Zo Ru Lo Zu T	0	1	ja	
...							
77	9	3	Lu Zo Lu Zo Lu Ro Lu Ro Zu T	2	5	nein	
78	**9**	**4**	**Lu Zo Ru Zo Lu Zo Ru Lo Zu T**	**1**	**2**	**ja**	**Balthus**
79	9	4	Lu Zo Lu Zo Ru Zo Lu Ro Zu T	1	3	nein	
...							
85	9	4	Lu Zo Lu Zo Lu Zo Lu Ro Zu T	3	5	nein	

Quelle: Fink/Mao

Wenn man sich die 85 möglichen Knoten genauer anschaut, stellt man schnell fest, dass nur ein kleiner Teil davon wirklich gut aussieht. Beispielsweise entfallen ab sieben Elementarbewegungen alle Varianten mit nur einer Bewegung durchs Zentrum (Z). Bei der Symmetrie S, der absoluten Differenz aus L- und R-Bewegungen, sind nur Werte von 0 und 1 akzeptabel.

Fink und Mao kommen schließlich auf 13 Knoten, die ihren eigenen ästhetischen Kriterien genügen. Eine durchaus subjektive Auswahl – aber keine zufällige. Denn diese Knoten sind zumindest unter Kennern alte Bekannte:

Nr.	Sequenz	Name	Selbstlösend
1	Lu Ro Zu T	Oriental	nein
2	Lo Ru Lo Zu T	Four-in-hand	ja
3	Lu Ro Lu Ro Zu T	Kelvin	nein
4	Lu Zo Ru Lo Zu T	Nicky	ja
6	Lo Ru Lo Ru Lo Zu T	Viktoria	ja
7	Lo Ru Zo Lu Ro Zu T	Halber Windsor	nein
12	Lu Ro Lu Zo Ru Lo Zu T	St. Andrew	ja
18	Lu Zo Ru Zo Lu Ro Zu T	Plattsburgh	nein
23	Lo Ru Lo Zu Ro Lu Ro Zu T	Cavendish	nein
31	Lo Zu Ro Lu Zo Ru Lo Zu T	Windsor	ja
44	Lu Ro Lu Ro Zu Lo Ru Lo Zu T	Grantchester	ja
54	Lu Ro Zu Lo Ru Zo Lu Ro Zu T	Hanover	nein
78	Lu Zo Ru Zo Lu Zo Ru Lo Zu T	Balthus	ja

Die folgenden Fotos zeigen 4 verschiedene Knoten. In Klammern steht die jeweilige Zahl der Elementarbewegungen:

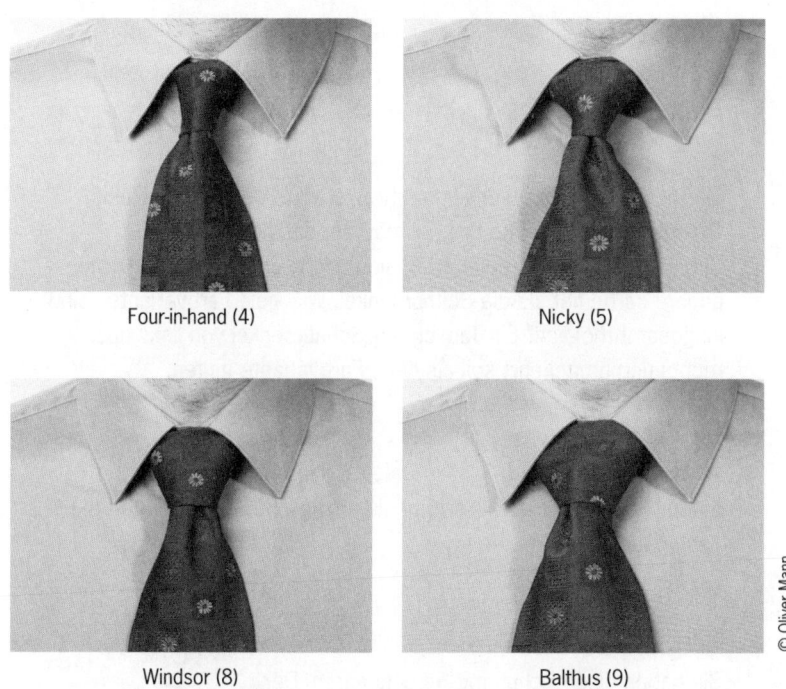

Four-in-hand (4)

Nicky (5)

Windsor (8)

Balthus (9)

Wenn Sie mögen, können Sie die 13 Knoten gern selbst ausprobieren. Vielleicht entdecken Sie dabei ja eine Variante, die Ihnen besser gefällt als Ihr Standardknoten.

Aber ganz gleich, ob Sie Schuhe oder Krawatte künftig neu binden oder nicht – Sie haben in diesem Kapitel gesehen, wie Mathematik dabei hilft, Knoten buchstäblich zu entwirren.

Aufgaben

Aufgabe 16 *
Ein Clown hat Schnürsenkel und Krawatten in den Farben Gelb, Orange, Grün, Blau und Lila. Er möchte, dass die beiden Schnürsenkel verschiedenfarbig sind und auch die Krawatte eine andere Farbe hat als die Schnürsenkel. Wie viele Farbvarianten sind insgesamt möglich? Ein Tausch der Schnürsenkel von links nach rechts und umgekehrt soll als neue Farbvariante gelten.

Aufgabe 17 *
a und b sind rationale Zahlen, beide sind größer als 2. Zeigen Sie, dass dann gilt ab > a + b !

Aufgabe 18 * *
Sie haben einen Schuh mit 6 Lochpaaren. Der Abstand von Lochpaar zu Lochpaar beträgt 1 Zentimeter, der Abstand der linken zur rechten Lochreihe 2 Zentimeter. Sie wollen den Schuh klassisch über Kreuz schnüren. Wenn die beiden Enden des Schnürsenkels aus dem obersten Lochpaar mit je 15 Zentimetern herausragen sollen, wie lang muss dann der Schnürsenkel insgesamt sein?

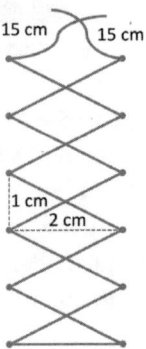

Aufgabe 19 * * *

Die Abbildung zeigt 16 von insgesamt 42 Schnürvarianten, die bei 3 Lochpaaren möglich sind. Finden Sie die übrigen 26, die sich durch Spiegelung oder Drehung aus diesen 16 Varianten ergeben.

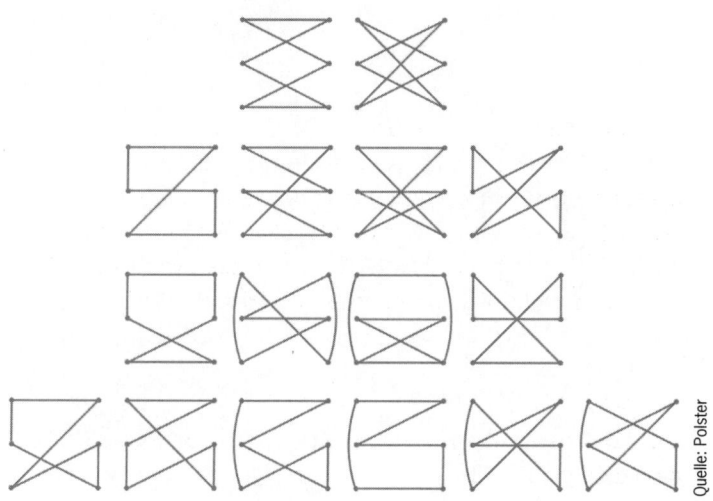

Quelle: Polster

Aufgabe 20 * * *

Gibt es ein Vieleck, das dreimal so viele Diagonalen hat wie Ecken?

Schnell gemerkt:
So bleiben Zahlen
im Kopf

Die PIN der Geldkarte, die Telefonnummer der Oma, der Geburtstag der Schwester – den ganzen Tag schwirren Zahlen durch unseren Kopf. Nicht alle müssen wir uns zwingend merken – mit der richtigen Methode ist das aber kein Problem.

Mir graut schon vor dem Dezember 2014. Dann wird mir meine Bank eine neue Geldkarte schicken – und wahrscheinlich auch eine neue PIN dazu. Ich erinnere mich noch genau, wie es beim letzten Mal war, als die Karte getauscht wurde. Ich stand an der Supermarktkasse und hatte intuitiv die Geheimzahl der alten Karte eingetippt.

Erst als die Zahlung abgelehnt wurde, fiel mir ein, dass ich ja seit ein paar Tagen eine neue Geldkarte besaß. Was mir aber nicht einfiel, war die neue PIN. So musste ich der Kassiererin eingestehen, dass ich den Einkauf leider nicht bezahlen konnte. Ganz schön peinlich – und all das nur wegen vier Ziffern, die ich mir nicht merken konnte.

Nach mehreren Jahren mit der neuen Karte passieren mir derartige Missgeschicke zum Glück nicht mehr. Aber immer noch geistert die alte PIN durch meinen Kopf. Einige Banken erlauben ihren Kunden übrigens inzwischen, die Geheimzahl frei zu wählen. Wer sich dann für 1234 oder das Jahr seiner Geburt entscheidet, braucht sich aber nicht zu wundern, wenn ein Dieb erst die Karte klaut und dann am Automaten das Konto plündert. Eine Geheimzahl sollte man mit Sorgfalt wählen.

Ähnliche Probleme wie PINs bereiten mir Telefonnummern. Meine eigene Festnetznummer kenne ich bis heute nicht, obwohl ich sie seit fast drei Jahren habe. Schuld ist sicher auch das Handy, in dem alle Nummern bequem gespeichert sind. Wenn ich mir auch noch die Nummern sämtlicher Freunde und Bekannten merken müsste, würde ich wohl freiwillig auf das Telefonieren verzichten.

Aber es gibt Menschen, die sich problemlos Hunderte und gar Tausende Ziffern einprägen können. Meike Duch gehört dazu – eine Gedächtnistrainerin, die ich 2005 in Hamburg kennengelernt habe. Sie beschäftigte sich damals intensiv mit Yoga, Jonglieren, Einradfahren – und natürlich mit Gedächtnisakrobatik.

Im September 2004 hatte Duch Tausende Ziffern in knapp sieben Stunden notiert – die ersten 5555 Nachkommastellen der Kreiszahl Pi. Die einzigen zugelassenen Hilfsmittel waren Stift und Papier – sie musste die Zahlenfolge aus dem Kopf aufschreiben.

Damit Sie eine Vorstellung davon bekommen, was Duch geleistet hat, hier nur die ersten 500 Stellen von Pi:

```
3,1415926535 8979323846 2643383279 5028841971 6939937510
  5820974944 5923078164 0628620899 8628034825 3421170679
  8214808651 3282306647 0938446095 5058223172 5359408128
  4811174502 8410270193 8521105559 6446229489 5493038196
  4428810975 6659334461 2847564823 3786783165 2712019091
  4564856692 3460348610 4543266482 1339360726 0249141273
  7245870066 0631558817 4881520920 9628292540 9171536436
  7892590360 0113305305 4882046652 1384146951 9415116094
  3305727036 5759591953 0921861173 8193261179 3105118548
  0744623799 6274956735 1885752724 8912279381 8301194912
```

Elfmal so lang war die Zahlenkolonne, die Duch sich eingeprägt hatte. Die 5555 Ziffern waren damals deutsche Bestleistung und gleichzeitig Frauenweltrekord. Duchs Hobby mag

Ihnen schräg vorkommen, aber sie ist nicht die Einzige auf der Welt, die Zahlenkolonnen mit Begeisterung büffelt. Es gibt eine Weltrangliste der Pi-Auswendiglerner. Angeführt wird sie derzeit von dem Chinesen Chao Lu. Er kennt die Kreiszahl bis auf 67.890 Stellen fehlerfrei.

Natürlich nutzen Duch und Lu Tricks, um derartig lange Ziffernfolgen in ihrem Gehirn unterzubringen. Genau um solche Gedächtniskniffe soll es in diesem Kapitel gehen.

Beginnen möchte ich mit den bereits erwähnten PINs und Telefonnummern. Wie merkt man sich diese am besten? Zuallererst würde ich nach auffälligen Mustern suchen.

Ziffernfolgen: Die auch als Passwort beliebte und deshalb nicht zu empfehlende Kombination 1234 kennen Sie bereits. Folgen können natürlich auch rückwärts verlaufen, etwa 8765. Oder die Ziffern erhöhen sich um 2, wie bei 1357. Fahnden Sie gezielt nach solchen Folgen!

Iterationen: Eine Ziffernfolge taucht in einer Zahl mehrmals auf. Nehmen wir beispielsweise die Telefonnummer 48 53 94 85. Ich kann diese auch folgendermaßen aufschreiben: 485 39 485. Das prägt sich viel leichter ein.

Spiegelzahlen: Die Spiegelzahl zur 34 lautet 43. Wer genau hinschaut, kann solche Spiegelzahlen immer wieder entdecken. Beispiel: 45875433. Die Zahl beginnt mit 45, dann folgt 87, dann die Spiegelzahl von 45, also 54, dann 33.

Sequenzen: In einer Zahl treten zwei aufeinander folgende Zahlen auf, wie etwa 37756378. Wir schreiben besser 377 56 378. Besonders gut funktioniert das natürlich mit zwei- und dreistelligen Sequenzen.

Besondere Zahlen: Zahlen sind uns nicht gleichgültig – und jeder hat Ziffernfolgen, die ihm sofort ins Auge springen, weil er sie mit etwas Besonderem verbindet. Dazu gehören Jahreszahlen wie 1945 oder 1989 ebenso wie die Rückennummer eines angebeteten Fußballers. In die Kategorie besonderer Zahlen fallen auch die Primzahlen. Wem sie vertraut sind, für den sind 31 oder 101 Leuchttürme, die aus einer Ziffernfolge herausragen. Aber auch Quadratzahlen und Kubikzahlen können als Merkhilfe dienen, sofern man sie im Kopf hat. 144 entspricht 12^2, 125 5^3 und 729 9^3.

Vielleicht noch kurz eine Erklärung, wie man sich die ersten zehn Nachkommastellen von Pi einprägen könnte:

3,1415926535...

Die Folge beginnt mit 14 15 – einer Sequenz. Danach folgt eine weitere Sequenz: 9...6...3... Nun müssen wir nur noch 2...5...5... einfügen. Ich merke mir also 14 – 15, 9 – 6 – 3 und schließlich 255. Es gibt natürlich noch mehr Wege, die ersten zehn Stellen von Pi in leichter verdauliche Häppchen zu zerlegen – das ist nur ein Vorschlag.

Einen Nachteil hat diese Methode: Sie funktioniert bei vielen Zahlen, aber nicht bei jeder x-beliebigen.

Eselsbrücken

Eine wichtige Erkenntnis hat uns die Beschäftigung mit PINs und Telefonnummern bereits geliefert: Es ist sehr schwer, sich eine zufällige Ziffernfolge einfach so zu merken. Wir brauchen eine Gedächtnisstütze. Sobald ich beispielsweise ein Muster in der Zahl entdecke, wird das Memorieren leichter.

Ich merke mir dann aber auch nicht die eigentliche Zahl, sondern quasi die Schablone oder eine Rechenvorschrift, die mir die Zahl liefert.

Statt einer wie auch immer gearteten Rechenregel zu vertrauen, kann ich aber auch ausnutzen, dass wir Menschen sehr gut assoziativ und in Bildern denken können. Eine Situation, die wir als besonders emotional erlebt haben, kann sich regelrecht in unser Gehirn einbrennen. Der Geruch, bestimmte Geräusche, Farben, kleinste Details – wir haben kaum Schwierigkeiten, uns all das selbst über Jahre zu merken. Vier Ziffern einer Geheimzahl hingegen, von denen wir wissen, dass sie wichtig sind, haben wir am nächsten Morgen trotzdem schon wieder vergessen.

Ein genialer Weg, unserem Gedächtnis auf die Sprünge zu helfen, sind sogenannte Mnemotechniken. Dazu gehören die schon besprochenen Muster – aber auch Eselsbrücken aller Art. Sie kennen sicher den alten Planetenmerksatz: »Mein Vater erklärt mir jeden Sonntag unsere neun Planeten.« Die Anfangsbuchstaben stehen für Merkur, Venus, Erde, Mars, Jupiter, Saturn, Uranus, Neptun, Pluto. Und die Reihenfolge entspricht genau der Anordnung in unserem Sonnensystem: Merkur ist der Sonne am nächsten, Pluto am weitesten von ihr entfernt.

Seit 2006 stimmt der Satz übrigens nicht mehr. Damals degradierten Astronomen Pluto zum Zwergplaneten, weil es noch einige ähnlich große Himmelskörper in Plutos Nachbarschaft gibt, die man ansonsten zu Planeten hätte deklarieren müssen. Zum Glück gibt es längst eine neue Merkhilfe – nachzulesen im Mitmach-Lexikon Wikipedia: »Mein Vater erklärt mir jeden Sonntag unseren Nachthimmel«.

Derartige Merksätze eignen sich auch für Zahlenkombinationen. Für die PIN 2438 beispielsweise brauche ich einen Satz aus 4 Wörtern, die mit den Buchstaben beginnen. Ich habe kurz überlegt und bin auf Folgendes gekommen:

Zebras **v**erlieren **d**ie **A**ngst.

Dazu stelle ich mir eine spektakuläre Szene aus einem Tierfilm vor. Mehrere Löwen greifen eine Zebraherde in der Savanne an. Erst ergreifen die Zebras die Flucht, dann aber machen sie kehrt und trampeln die Löwen nieder.

Für die Zahl 237943 brauchen wir sechs Wörter mit den Anfangsbuchstaben

z d s n v d

Mein Vorschlag dazu:

Zwei **d**rollige **S**iebenschläfer **n**aschen **v**iele **D**onuts.

Vielleicht wundern Sie sich, warum die Zahlwörter Zwei und Sieben darin auftauchen. Statt der Zwei hätte ich auch ein anderes Wort nehmen können, das mit z beginnt, zum Beispiel zerzauste. Die Sieben hingegen habe ich ganz bewusst gewählt, um Verwechslungen zu vermeiden. Die Zahlwörter Sechs und Sieben beginnen beide mit s. Wenn ich in einem Merksatz also ein Wort wie zum Beispiel Schüler habe, das mit s beginnt, weiß ich nicht, ob das s darin für die Ziffer 6 oder die 7 steht.

Beim Wort Siebenschläfer muss ich nicht lange rätseln – es steht für die 7. Wenn die 6 als Wort dargestellt werden soll, könnte man Begriffe wie Sixpack, Sextant, Sekte oder Sexkolumnistin wählen.

Symbole statt Zahlen

Sie ahnen sicher, dass Gedächtniskünstler wie Meike Duch eher nicht mit Merksätzen arbeiten. Daraus ergäbe sich in ihrem Fall eine lange Erzählung, bestehend aus über 5000 Wörtern, von denen man kein einziges Wort vergessen oder vertauschen dürfte. Für solche Mammutaufgaben gibt es andere Mnemotechniken.

Ein gängiger Trick, um Zahlen gedächtniskompatibel zu machen, besteht darin, ihnen Symbole zuzuordnen. Ich assoziiere beispielsweise die Ziffer 0 mit einem Ball, denn beide ähneln sich von der Form her. Die 2 wird von einem Schwan repräsentiert – sein Hals ist ähnlich geformt wie die Ziffer. Und wenn ich mir 02 merken möchte, denke ich mir eine Situation oder kleine Geschichte aus, in der zuerst ein Ball und dann ein Schwan auftauchen.

Vor allem für Einsteiger ist das sogenannte Zahl-Form-System gut geeignet. In der Basisvariante besteht es aus zehn Symbolen, die fast alle gewisse Ähnlichkeit mit der Ziffer haben, für die sie stehen. Oder aber das Symbol wird automatisch mit der Ziffer in Verbindung gebracht, beispielsweise der Würfel mit der 6, weil er 6 Seiten hat.

Die ideale Anwendung für das Zahl-Form-System sind übrigens nicht einmal Zahlen, die man sich merken möchte, sondern Listen von Begriffen. Das System eignet sich wunderbar für Vorträge, in denen Sie frei reden möchten und beispielsweise acht oder zehn Punkte in einer ganz bestimmten Reihenfolge ansprechen wollen.

Auch wenn es primär gar nicht um das Memorieren von Zahlen geht, möchte ich Ihnen das Zahl-Form-System kurz vorstellen. Denn es führt uns letztlich zum sogenannten Major-System, mit dem Pi-Auswendiglerner arbeiten. Beginnen wir bei den Symbolen. Für die meisten Ziffern existieren mehrere Varianten, es ist Ihnen überlassen, für welche Sie sich entscheiden. Sie sollten dann nur bei Ihrer getroffenen Auswahl bleiben, damit Sie später nicht durcheinanderkommen.

Ziffer	Symbol	Alternative
0	Ball	Ball, Sack, Orange, Ei
1	Kerze	Baseballschläger, Pfosten, Bleistift, Füllfeder, Gehstock, Baum
2	Schwan	Wasserschlauch
3	Dreizack	Handschellen, Gesäß, Doppelkinn
4	Stuhl	Segelboot, Kleeblatt
5	Hand	Haken
6	Würfel	Elefant (Rüssel, vier Beine, Schwanz), Golfschläger (nach unten gehalten), Kirsche, Pfeife
7	Zwerg (die sieben Zwerge)	Fahne, Klippe, Angel, Bumerang, Sense
8	Schneemann	Sanduhr, Brezel, Brille, Achterbahn, Spinne (acht Beine)
9	Tennisschläger	Spermium, Kaulquappe, Golfschläger (nach oben gehalten), Katze (neun Leben), Kegel (alle Neune)

Wie funktioniert das Zahl-Form-System? Nehmen wir an, Sie möchten sich die PIN 2438 merken. Eben haben wir das mit dem Merksatz »Zebras verlieren die Angst« getan. Nun stellen wir uns einen Schwan vor (Ziffer 2), der auf einem Stuhl sitzt (4) und sich einen Dreizack (3) anschaut, der von einem Schneemann (8) gehalten wird. Diese Situation sollten Sie sich einprägen, wobei Sie auch die Reihenfolge der Symbole beachten sollten, damit die PIN stimmt.

Mit dem Zahl-Form-System können Sie sich auch bequem beliebige Wörter in einer vorgegebenen Reihenfolge merken – genau dafür wurde das System nämlich auch entwickelt. Das Memorieren einer Liste klappt allerdings nur, wenn Sie die Symbole aus der Tabelle links sicher beherrschen. Hier kommen die fünf Begriffe, die wir uns in der vorgegebenen Reihenfolge einprägen möchten:

1) Fahrrad
2) Fußball
3) Kirche
4) Abendessen
5) Brot

Sie müssen nun jedes dieser Wörter in ein lebendiges, gern auch spektakuläres Bild umsetzen, in dem das jeweilige Symbol, bei der 1) also eine Kerze, mit vorkommt. Je mehr Fantasie Sie dabei haben, je schräger und absurder die ausgedachte Situation ist, umso leichter können Sie sich diese merken. Hier meine Vorschläge:

Fahrrad und Kerze: Stellen Sie sich ein Fahrrad vor, auf dem Dutzende Kerzen brennen – idealerweise Duftkerzen, die nach Vanille riechen.

Fußball und Schwan: Wie wäre ein Fußballspiel, bei dem elf weiße gegen elf schwarze Schwäne antreten?

Kirche und Dreizack: Das ist natürlich eine Steilvorlage. Ein Teufel randaliert in einer voll besetzten Kirche …

Abendessen und Stuhl: Stellen Sie sich überdimensionale Stühle vor, die im seichten Wasser eines Sees stehen. Sie sitzen auf einem der Stühle, haben eine spektakuläre Aussicht und genießen das Abendessen mit Rotwein und duftendem Braten.

Brot und Hand: Sie kommen in eine Bäckerei und schauen ins Brotregal. Plötzlich schieben sich zwischen den Broten Dutzende Hände nach oben und begrapschen sie, zerreißen sie und werfen die Brotstücke durch den Laden.

Haben Sie keine Hemmungen, was Ihre Fantasien betrifft! Alles ist erlaubt: Erotik, bedrohliche Situationen, surrealistische Umgebungen. Sie müssen sich jede der fünf Situationen für ein paar Sekunden bildlich vorstellen. Dann sollten sie im Kopf bleiben. Zum Abrufen denken Sie einfach an die Kerze – das Symbol für die 1. Dann dürfte das Bild des Fahrrads auftauchen. Danach folgen der Schwan (Fußballstadion), der Dreizack (Teufel in der Kirche) und so weiter.

Probieren Sie es aus – bei mir hat es auf Anhieb geklappt. Ich konnte einen Tag später die fünf Begriffe mühelos abrufen – über den Umweg der Symbole.

Das Major-System

Wer sich Dinge merken will, braucht eine lebhafte Fantasie. Das gilt erst recht für Zahlen, für die man das sogenannte Major-System verwendet. Es nutzt wie das Zahl-Form-System Symbole. Aber bei deren Auswahl schauen wir nicht nach visuellen Ähnlichkeiten mit den zu kodierenden Ziffern, sondern nach Lauten.

Mit dem Major-System können wir Zahlen in Worte und Worte in Zahlen verwandeln. Jeder Ziffer sind einzelne Konsonanten, in einem Fall aber auch Zischlaute wie sch, ch und j zugeordnet:

Ziffer	Laut	Merkhilfe
0	s, z, ß, ss, c	englisch zero
1	t, d, th	t ähnelt einer 1
2	n	n hat zwei Beine
3	m	m hat drei Beine
4	r	vier endet auf r
5	l	römische Ziffer L = 50, L ähnelt Hand mit abgespreiztem Daumen = 5 Finger
6	ch, j, sch, g (weich)	sechs enthält sch, j, (englische Aussprache), g (englische Aussprache) als gedrehte 6
7	k, ck, g (hart), c (hart)	Glückszahl enthält g und ck, k ist aus zwei 7 zusammengesetzt
8	f, v, w, ph	V8-Motor
9	p, b	9 ähnelt einem gespiegelten p oder gedrehtem b

Um die 0 in ein Wort umzuwandeln, brauche ich einen Begriff, der zum Beispiel den Konsonanten s genau einmal enthält – und keine weiteren Konsonanten beziehungsweise Laute. Infrage käme Oase – aber auch See oder Sau. Bei der 1 sind es Wörter wie Tee oder Tau.

Wenn ich 10 kodieren möchte, dann beispielsweise mit dem Wort Tasse. Das t am Wortanfang steht für 1, das Doppel-s für 0. Die 40 kann ich mit Rose, Reis oder Russe darstellen, die 97 mit Puck oder Backe.

Wollen wir uns die Zahl 104097 einprägen, dann machen wir das mit den drei Wörtern Tasse, Rose und Puck. Aber wir merken uns nicht einfach drei Wörter – das funktioniert kaum besser als das Einprägen von Zahlen. Wir stellen uns eine Situation vor, denken uns eine Geschichte aus, in der die drei Wörter nacheinander auftauchen.

Beim Beispiel 104097 könnte die Situation die folgende sein:

Eine alte, verschnörkelte Tasse steht vor uns. Sie ist mit einer roten Rose bemalt. Wir sind in einem Eisstadion, plötzlich kommt ein Puck angeflogen, und unsere Tasse wird in viele kleine Splitter zerlegt. Aufschrei im Publikum, das kitschige Porzellanteil war nämlich äußerst wertvoll.

Welche Geschichte Sie auch immer erfinden, Sie sollten Situationen wählen, die Sie sich lebhaft vorstellen können und die außergewöhnlich genug sind, um sie sich gut einzuprägen. Sie behalten eine Szenerie besser im Kopf, wenn Sie sich in Gedanken auch Gerüche, Geräusche und eigene Gefühle vorstellen.

Um das Major-System nutzen zu können, müssen Sie natürlich die Zahlen-Laut-Zuordnung im Schlaf beherrschen.

Und leider auch eine Matrix für alle Zahlen von 0 bis 99 wie die folgende:

Ziffer	0	1	2	3	4	5	6	7	8	9
nur Ziffer	Zoo	Tee	Huhn	Oma	Ohr	Allee	Asche	Kuh	Ufo	Boa
0 + Ziffer	SOS	CD	Zahn	Sumo	Zorro	Saal	Seuche	Socke	Seife	Zippo
1 + Ziffer	Tasse	Tod	Tanne	Damm	Tor	Hotel	Tasche	Theke	Taufe	Taube
2 + Ziffer	Nase	Hand	Nonne	Nemo	Nero	Nil	Nische	Enge	Nivea	Neubau
3 + Ziffer	Moos	Matte	Mohn	Mumie	Meer	Mühle	Masche	Mac	Mafia	Amöbe
4 + Ziffer	Rose	Radio	Ruine	Rum	Rohr	Rolle	Rauch	Rock	Riff	Rabe
5 + Ziffer	Lasso	Lotto	Leine	Leim	Leier	Lolli	Leiche	Lego	Lava	Laub
6 + Ziffer	Schuss	Schotte	Scheune	Schaum	Schere	Schal	Scheich	Jacke	Schaf	Chip
7 + Ziffer	Käse	Kitt	Kino	Gummi	Chor	Keule	Koch	Geige	Kaffee	Kappe
8 + Ziffer	Fass	Fit	Föhn	WM	Feuer	Falle	Fisch	Waage	Waffe	Wippe
9 + Ziffer	Bus	Bett	Bohne	Baum	Bär	Pool	Bach	Puck	Pfau	Baby

Das ist nur ein Vorschlag dafür, wie man zweistellige Zahlen im Major-System kodiert. Fast jeder Gedächtniskünstler nutzt eine Variante davon, bei der einzelne Zahlen anders dargestellt werden. Um beim Beispiel Tasse – Rose – Puck zu bleiben. Es ginge auch Dose – Russe – Backe. Wichtig ist, dass Sie eine für Sie verbindliche Tabelle im Kopf haben.

Nun noch einmal zurück zur Pi-Auswendiglernerin Meike Duch. Sie benutzte ebenfalls ein Major-System, das allerdings nicht identisch war mit dem hier vorgestellten. Das Prinzip war aber das Gleiche: Hinter den Wörtern ihrer Geschichte steckten Zahlen.

Um bei der Reihenfolge der vielen Symbole nicht durcheinanderzukommen, baute sie die Bilder zweistelliger Zahlen in einen langen Spaziergang quer durch Hamburg ein – inklusive ausgiebiger Museumsbesuche.

Wenn Duch einen fiktiven Streifzug unternahm, sah sie an der nächsten Ecke auf einem Briefkasten Zeus sitzen, der gerade mit Titanen rang. Vor der Haustür daneben sprang ein Delfin auf und ab, der Zebrastreifen war über und über mit lecker duftenden Muffins bedeckt.

Duch lief durch den Stadtteil Alsterdorf, spazierte hinüber zum Flughafen Hamburg-Fuhlsbüttel, fuhr zum Hafen und flanierte um die Alster – und an jeder Ecke sah sie Dinge, die andere nicht sehen. In ihrem Kopf fügten sich die Bilder zu den ersten 5555 Nachkommastellen von Pi zusammen. Die Kreiszahl war für sie quasi ein Teil Hamburgs geworden.

»Je verrückter die vorgestellte Situation ist, umso leichter behält man sie«, erklärte mir Duch. Dabei dürfe man keine Skrupel haben. Vor allem Erwachsene würden ihre Fantasien schnell zensieren und durch Unverfängliches ersetzen, Kinder seien da wesentlich direkter.

Wenn man die 100 Symbole des Major-Systems erst mal intus habe, gehe das Verteilen im Stadtbild umso schneller. »An einem Tag schafft man 500 bis 1000 Ziffern«, sagte Duch. Allerdings liege die Genauigkeit dann nur bei 99 Prozent. Um 100 Prozent zu schaffen, müssten die Rundgänge wiederholt werden. Nach eigener Aussage hat die Gedächtnistrainerin trotzdem nicht einmal zwei Wochen gebraucht, um die 5555 Ziffern sicher zu beherrschen.

Loci-System

Das Durchlaufen von Straßen oder von Räumen in großen Gebäuden ist übrigens eigentlich schon eine weitere Mnemotechnik – die sogenannte Loci-Methode. Diese möchte ich Ihnen zum Abschluss dieses Kapitels noch kurz vorstellen. Die Loci-Methode eignet sich nicht nur zum Merken von Zahlen – sie geht viel weiter. Mit ihr behalten Sie Namen, Abläufe, Gegenstände im Kopf – und wenn Sie es auf die Spitze treiben, sogar den Inhalt ganzer Bücher.

Die Methode geht vermutlich auf den griechischen Dichter Simonides von Keos zurück. Der römische Denker und Philosoph Cicero beschrieb in seinem Werk »De oratore« (Über den Redner), wie Simonides die Präzision räumlicher Erinnerung auf tragische Weise kennenlernte.

Simonides war bei einem Festmahl zu Gast, wo er ein auf den Hausherrn gedichtetes Lied vortrug. Skopas, der reiche Gastgeber, wollte ihm aber nur die Hälfte des vereinbarten Honorars für das Gedicht zahlen und meinte, er könne sich den anderen Teil ja von Kastor und Pollux holen, den Zwillingen aus der griechischen Mythologie, die in dem Gedicht ebenfalls gerühmt wurden. Kurze Zeit später bekam Simonides die Information, dass draußen zwei Männer auf ihn warteten.

Der Dichter verließ das Haus, ohne aber draußen jemanden vorzufinden. Während seiner Abwesenheit stürzte das Dach des Speisesaals ein und begrub die Teilnehmer des Festmahls unter sich. Alle Anwesenden einschließlich Skopas starben. Die Leichen waren von den Trümmern so entstellt, dass man sie zunächst nicht identifizieren konnte. Doch Simonides konnte helfen, denn er erinnerte sich genau, wer wo am Tisch gesessen hatte.

Die Loci-Methode nutzt unser präzises räumliches Erinnerungsvermögen. Sie funktioniert folgendermaßen: Stellen Sie sich einen Raum, einen Weg oder ein riesiges Gebäude vor. Das Ganze kann real sein oder komplett erfunden. Jedes Wort, das Sie sich einprägen wollen, bekommt dort seinen Platz. Wenn Sie einen Begriff suchen, durchlaufen Sie in Gedanken den Bereich, wo sein Platz ist, und sollten ihn dann auch schnell finden.

Konsequent angewandt, kann die Loci-Methode Ihrem Gedächtnis über Jahrzehnte auf die Sprünge helfen. Im Laufe des Lebens wird das Gebäude immer größer oder Ihr Weg immer länger. Um Inhalte im Kopf zu behalten, müssen Sie Ihre Gedankenwelt nur immer mal wieder durchstreifen. Dabei wird die Erinnerung aufgefrischt.

Cicero selbst war eifriger Nutzer der Loci-Methode. Mangels Büchern mussten Gelehrte in der Antike viele Dinge auswendig lernen – und das konnte nur mit dieser raffinierten Mnemotechnik gelingen. Das Major-System zum Merken von Zahlen wurde erst viel später entwickelt. Als Begründer gelten der französische Mathematiker Pierre Hérigone (1580–1643) und Stanislaus Mink von Wennsheim (1620–1699).

Mir hat die Beschäftigung mit Mnemotechniken eine wichtige Erkenntnis gebracht: Wir unterschätzen die Fähigkeiten unseres Gehirns immer wieder, weil wir einfach zu wenig darüber wissen. Ich werde deshalb aber jetzt nicht anfangen, Tausende Stellen von Pi auswendig zu lernen. Doch zumindest bei PINs und Telefonnummern weiß ich nun genau, wie ich sie mir merke.

Gedächtnistraining

Wenn Sie sich näher für Mnemotechniken interessieren und sich diese nicht autodidaktisch aneignen wollen, empfehle ich Ihnen ein Seminar bei einem Gedächtnistrainer. Es gibt in Deutschland, Österreich und der Schweiz Verbände, in denen sich Trainer zusammengeschlossen haben:

Bundesverband Gedächtnistraining (BVGT) e. V.
http://www.bvgt.de

Gesellschaft für Gehirntraining e. V.
http://www.gfg-online.de

Österreichischer Bundesverband für Gedächtnistraining (ÖBV-GT)
http://www.gedaechtnistraining-oebv.at

Schweizerischer Verband der Gedächtnistrainerinnen und -trainer
http://www.gedaechtnistraining.ch

Aufgaben

Aufgabe 21 *
Ein Bösewicht hat ein Portemonnaie gestohlen. Darin stecken eine Geldkarte und eine Visitenkarte des Besitzers mit der handschriftlichen Notiz »Der Vater siebt Dukaten«. Es gelingt dem Dieb, mit der Karte Geld abzuheben. Wie hat er die Geheimnummer herausbekommen?

Aufgabe 22 * *
Sie fragen: »Wie lautet Ihre Telefonnummer?« Der Gedächtniskünstler antwortet: »Ein Bett steht lichterloh brennend auf dem Damm. Das Feuer ist geformt wie eine Rose.« Welche Nummer notieren Sie?

Aufgabe 23 * *
Finden Sie alle Paare natürlicher Zahlen (a;b), welche die Gleichung $2a + 3b = 27$ erfüllen.

Aufgabe 24 * *
Warum endet eine Quadratzahl niemals auf 7?

Aufgabe 25 * * *
Beweisen Sie, dass der halbe Umfang eines Dreiecks stets größer ist als jede seiner drei Seiten!

Für Rechen-Profis:
Das Trachtenberg-System

Wer tiefer in das Reich der Zahlen eindringt, kommt aus dem Staunen kaum noch heraus. Immer wieder finden sich Abkürzungen, die das Kalkulieren enorm erleichtern. Der Russe Jakow Trachtenberg hat solche Tricks zu einer wundersamen Schnellrechenmethode kombiniert.

Jakow Trachtenberg ging es nicht besser als manch anderem Genie. Berühmt wurde er erst nach seinem Tod. Die von ihm entwickelte Trachtenberg-Schnellrechenmethode war kaum bekannt, als er 1953 starb. Trachtenberg hatte kurz vor seinem Tod sogar eigens ein mathematisches Institut in Zürich gegründet, an dem Kinder und Erwachsene seine Rechenkunst erlernten.

Doch erst ein 1960 erschienenes Buch zweier amerikanischer Journalisten machte die Trachtenberg-Methode bekannt. Das Buch wurde zum Bestseller, Experten waren begeistert. »Lehrer sollten dieses Buch lesen«, empfahl das britische Fachblatt »Teacher's World«, die neue Methode könne den Mathematikunterricht in der Zukunft revolutionieren. Das Magazin »Life« schwärmte von »mathematischen Zaubertricks«, der »SPIEGEL« feierte Trachtenberg als »Magier«.

Wie aber funktioniert seine Methode? Können wir sie heute, in der Ära von Excel und Taschenrechnern, überhaupt noch gebrauchen? Ich glaube, das Trachtenberg-System ist in erster Linie etwas für Liebhaber. Sie treibt die Arithmetik auf die Spitze, so wie Hersteller von Automatikuhren die Feinmechanik perfektioniert haben.

Eine Quarzuhr arbeitet in der Regel genauer und kostet auch viel weniger – trotzdem bewundern Menschen das elegante Zusammenspiel der feinen Rädchen und geben viel Geld für Automatikuhren aus. Und vielleicht schauen Sie nach dem Lesen dieses Kapitels ja mit leuchtenden Augen auf Trachtenbergs Rechenregeln – so wie ein passionierter Sammler auf das Schwungrad eines Uhrwerks.

Auf den ersten Blick erscheint Trachtenbergs System tatsächlich wie Zauberei – es handelt sich dabei um eine Sammlung von Rechenkniffen, die den Umgang mit Zahlen erleichtern sollen. Beispielsweise kann man damit ein Dutzend fünfstelliger Zahlen addieren, ohne höher als bis 19 rechnen zu müssen. Und man kann damit Multiplikationen in simple Additionen überführen. Angeblich verkürzt dies die Rechenzeit um 20 Prozent.

Ich möchte Ihnen die Methode am Beispiel des Faktors 9 erklären. Nehmen wir die Aufgabe

$$5427 \times 9$$

Beim Mal-9-Nehmen nach Trachtenberg gibt es drei Regeln. Die erste betrifft nur die letzte Ziffer – also den Einer des Ergebnisses. Diese Ziffer erhalten wir, indem wir von 10 die letzte Ziffer der Ausgangszahl abziehen – in unserem Fall also $10 - 7 = 3$. Wir notieren die Ziffer direkt unter die letzte Ziffer der Ausgangszahl.

$$\underline{5427} \times 9$$
$$3$$

Regel Nummer zwei betrifft alle übrigen Ziffern bis auf die erste ganz vorn. Subtrahieren Sie die Ziffer der Ausgangszahl von 9 und addieren Sie dann die rechts daneben stehende Ziffer. In unserem Beispiel lautet die Rechnung für die zweite

Ziffer des Ergebnisses daher: $9 - 2 + 7 = 14$. Wir schreiben also unter die 2 eine 4 und merken uns die 1 eine Ziffer links daneben (erkennbar als ').

$$\frac{5427 \times 9}{'43}$$

Dann geht es weiter mit $9 - 4 + 2 + 1$ (gemerkt) $= 8$ und $9 - 5 + 4 = 8$.

$$\frac{5427 \times 9}{8843}$$

Wir sind fast fertig. Für die vorderste Ziffer des Ergebnisses gilt die dritte Rechenregel: Wir ziehen von der ersten Ziffer der Ausgangszahl 1 ab. Also $5 - 1 = 4$.

$$\frac{5427 \times 9}{48843}$$

Damit haben wir das Ergebnis herausbekommen und dabei nicht ein einziges Mal mal 9 gerechnet! Sie sehen, dass hier ganz anders vorgegangen wird als in der Schule. Sie müssen das Verfahren natürlich erst einmal lernen und auch automatisieren. Aber dann entdecken Sie seinen Charme: Sie ersparen sich sperrige Multiplikationen wie 7×9. Die Zahlen, mit denen Sie operieren, sind nie größer als 20. Und das fällt uns viel leichter, als mit 63 oder 54 zu jonglieren.

Das war das Beispiel für die Multiplikation mit 9. Es gibt ähnliche Rechenregeln für alle Zahlen von 3 bis 12. Manche haben Sie ansatzweise bereits im ersten Kapitel kennengelernt – beim Multiplizieren mit 11 und 12. Im Laufe dieses Kapitels werde ich Ihnen die Trachtenberg-Regeln zum schnellen Addieren und Malnehmen erklären.

Wie Trachtenberg dazu kam, ein Schnellrechensystem zu entwickeln – das ist eine interessante und zugleich tragische Geschichte. Im Alter von 20 Jahren war er bereits Chefingenieur einer großen Werft in St. Petersburg, Tausende Arbeiter waren ihm unterstellt. Nach der Oktoberrevolution floh er nach Berlin, wo er die Tochter des letzten Zarenhofmalers, Gräfin Alice von Bredow, heiratete. Trachtenberg verdingte sich als Russland-Experte, erfand eine neue Methode zum Erlernen fremder Sprachen und engagierte sich als Pazifist.

Mit den Nazis bekam er schnell Probleme und flüchtete nach Wien. Doch schließlich fiel er der Gestapo in die Hände und verbrachte nahezu fünf Jahre in Gefängnissen und Konzentrationslagern. Die Arithmetik wurde für ihn zum Fluchtpunkt aus dem brutalen Lageralltag. Mangels Papier kritzelte er seine Ideen auf Packpapierfetzen und Rückseiten gebrauchter Formulare. Oft konnte er nur im Kopf rechnen – und das hat sicher dazu beigetragen, dass er die Kniffe immer weiter optimierte. Die Schnellrechenmethode sei »in 22 Gefängnissen und Kellern der Gestapo« ersonnen worden, erklärte Trachtenberg später.

Dass er die Nazizeit überlebte, verdankte er in erster Linie seiner Frau. Sie organisierte die Flucht aus der Haft, die das Paar schließlich 1945 in die Schweiz führte.

Trachtenberg hat mit seiner Methode keinesfalls das Schnellrechnen erfunden. Viele der von ihm genutzten Tricks waren schon länger bekannt, unter anderem auch das sogenannte Kreuzprodukt zum zügigen Multiplizieren – dazu später mehr. Sein Verdienst besteht darin, dass er die verschiedenen Zahlenkunststücke zu einem System zusammengefügt hat.

Schnell addieren

Beginnen möchte ich mit seiner Methode zum Addieren. Wenn Sie zwei Zahlen zusammenrechnen sollen, etwa

```
  436
+278
```

bereitet Ihnen das sicher keine größeren Schwierigkeiten. Sie nutzen das in der Schule gelernte schriftliche Verfahren und beginnen mit den Einern, also $6+8=14$, dann kommen die Zehner $3+7+1$ (gemerkt) $=11$ und schließlich die Hunderter $4+2+1$ (gemerkt) $=7$. Die Summe beider Zahlen ist 714.

Wenn es aber nicht um zwei, sondern um sechs oder zehn Zahlen geht, wird das schriftliche Addieren mühsam. Übrigens: Auch mit dem Taschenrechner sind Sie nicht vor Fehlern gefeit – ein Zahlendreher beim Eintippen reicht, und das Ergebnis stimmt nicht mehr.

Trachtenberg schlägt eine andere Methode zum Addieren vor. Auch er summiert die Einer, Zehner, Hunderter und Tausender jeweils für sich. Er beginnt aber bei den Tausendern, rechnet also von links nach rechts. Und sobald eine Zwischensumme 11 ist oder größer, wird diese Zwischensumme um 11 verringert. Nehmen wir nebenstehende acht Zahlen, die addiert werden sollen:

```
8345
4990
1258
6034
 887
3856
1139
2385
```

Wir beginnen mit der Tausender-Spalte und addieren die 7 Ziffern Schritt für Schritt:

8		
4°	8 + 4 = 12	12 ist größer als 11, also ziehen
	12 – 11 = 1	wir 11 ab und erhalten 1, wir
1	1 + 1 = 2	machen neben die 4 einen Punkt
6	6 + 2 = 8	
3°	8 + 3 = 11	Wir ziehen 11 ab und machen neben
	11 – 11 = 0	die 3 einen Punkt
1	0 + 1 = 1	
2	1 + 2 = 3	

Das Ergebnis 3 schreiben wir unter den Strich, außerdem notieren wir die Zahl der Punkte.

```
8  345
4° 990
1  258
6  034
   887
3° 856
1  139
2  385
─────
3     Summe
2     Punkte
```

Diese Rechnung wiederholen wir dann für die Hunderter, Zehner und Einer.

8 3 4 5
4°9°9°0
1 2 5 8°
6 0 3 4
  8°8°7°
3°8 5°6
1 1 3 9°
2 3°8°5°
3 1 1 0 Summe
2 3 4 4 Punkte

Nun müssen wir Summe und Punkte zusammenrechnen. Das geht folgendermaßen: Wir addieren die untereinanderstehenden Ziffern von Summe und Punkten und dazu noch die jeweilige Ziffer der Punkte rechts daneben. Gibt es keinen Nachbarn, dann werten wir den Nachbarn als Null. Wir beginnen ganz rechts:

3 1 1 0 Summe	
2 3 4 4 Punkte	
4	$0+4$
9	$1+4+4=9$
8	$1+3+4=8$
8	$3+2+3=8$
2	$0+2=2$
2 8 8 9 4	

Jetzt fragen Sie sicher: Das soll schneller gehen? In der Tat muss man bei dieser Methode zweimal Zahlen zusammenrechnen, bis man das Ergebnis hat. Aber wir operieren die ganze Zeit mit kleinen Zahlen, was das Rechnen sehr erleichtert.

Ich möchte Sie nicht für das Schnellrechenverfahren missionieren – probieren Sie einfach mal aus, ob es Ihnen liegt. Und machen Sie sich den Spaß, dieselbe Aufgabe mal auf klassische schriftliche Weise und mal nach der Trachtenberg-Methode zu lösen – mit Stoppuhr! Bei mir dauerte das Addieren nach Trachtenberg mehr als doppelt so lange wie das schriftliche Rechnen – aber mir fehlt auch das Training. Ich bin mir sicher, dass ich deutlich schneller wäre, wenn ich das System so intus hätte wie das klassische schriftliche Addieren.

Hier zwei Aufgaben zum Ausprobieren:

Aufgabe 1	Aufgabe 2
469	4561
722	4836
889	563
971	8989
289	7812
	5619

Zum Vergleichen die Ergebnisse: 3340 und 32380.

Multiplikation mit 11

Kommen wir nun zur Multiplikation. Eine Trachtenberg-Regel kennen Sie bereits aus dem ersten Kapitel – und zwar die für die 11. Nur dass ich beim Erläutern des Rechentricks den Namen Trachtenberg noch nicht genannt habe.

Die Aufgabe lautet 3467 × 11. Wir rechnen wie folgt: Unter die Ziffer der Ausgangszahl schreiben wir die Summe aus dieser Ziffer und ihrem rechten Nachbarn. Wenn es keinen rechten Nachbarn gibt, hier ist das bei der 7 ganz rechts der Fall, setzen wir diesen Nachbarn gleich 0. Die erste Ziffer, die wir hinschreiben, ist also 7 + 0 = 7:

$$\underline{3467} \times 11$$
$$7$$

Nun ist die 6 dran, zu der wir ihren rechten Nachbarn, die 7, addieren. Ergibt 13. Wir notieren 3 und merken uns die 1 bei der Ziffer links daneben – gekennzeichnet mit ':

$$\underline{3467} \times 11$$
$$'37$$

Weiter geht's mit 4 + 6 + 1 = 11, also 1 und 1 gemerkt.

$$\underline{3467} \times 11$$
$$'137$$

Dann folgt 3 + 4 + 1 = 8.

$$\underline{3467} \times 11$$
$$8137$$

Im letzten Schritt geht es um die Zehntausenderstelle. Die gibt es bei der Ausgangszahl ja nicht – sie ist 0 und das können wir auch so hinschreiben, künftig auch gleich zu Beginn unserer Rechnung:

$$\underline{03467} \times 11$$
$$8137$$

An unserer Rechenregel ändert sich nichts: Ziffer unten = Ziffer oben + Ziffer rechts daneben. Wir erhalten damit 0 + 3 = 3

03467 × 11
38137

Zusammengefasst sieht die Rechnung so aus:

Schritt 1 03467 × 11 7 + 0 = 7
                     7

Schritt 2 03467 × 11 6 + 7 = 13, also 3 und 1 gemerkt
                     '37

Schritt 3 03467 × 11 4 + 6 + 1 = 11, also 1 und 1 gemerkt
                     '137

Schritt 4 03467 × 11 3 + 4 + 1 = 8
                     8137

Schritt 5 03467 × 11 0 + 3 = 3
                     38137

Warum dieser Rechenweg zum richtigen Ergebnis führt, versteht man sofort, wenn man die Aufgabe klassisch schriftlich rechnet:

   3467 × 11
   3467
+3467
 38137

Beim Multiplizieren mit 11 wird die Ausgangszahl 3467 zu sich selbst addiert, die zweite Zahl dabei aber um eine Stelle nach links gerückt. So kommt es, dass eine Ziffer immer mit ihrer rechten Nachbarziffer zusammengerechnet wird.

Probieren Sie die Methode doch gleich einmal selbst an vier Aufgaben aus – gern auch hier direkt im Buch. Dieses Rechentraining ist übrigens auch eine gute Vorbereitung auf die anderen, noch folgenden Trachtenberg-Tricks.

2438 × 11

9356 × 11

452895 × 11

59353345 × 11

Wenn Sie richtig gerechnet haben, sollten Sie auf 26818, 102916, 4981845 und 652886795 gekommen sein.

Multiplikation mit 12

Das Prinzip bleibt auch bei mal 12 das gleiche, nur dass sich die Rechenregel etwas ändert. Wir rechnen nicht Ziffer plus Ziffer rechts daneben wie bei der 11, sondern zweimal die Ziffer plus die Ziffer rechts daneben.

3467 × 12

Ich beginne wieder bei der Ziffer 7 ganz rechts. Die Rechnung lautet $2 \times 7 + 0$ (keine Ziffer rechts neben der 7) = 14. Ich schreibe unter die 7 also eine 4 und merke 1 (Strich).

Schritt 1 $\underline{03467} \times 12$ $2 \times 7 + 0 = 14$
'4

Schritt 2 $\underline{03467} \times 12$ $6 \times 2 + 7 + 1$ (gemerkt) $= 20$
"04

Schritt 3 $\underline{03467} \times 12$ $2 \times 4 + 6 + 2$ (gemerkt) $= 16$
'604

Schritt 4 $\underline{03467} \times 12$ $2 \times 3 + 4 + 1$ (gemerkt) $= 11$
'1604

Schritt 5 $\underline{03467} \times 12$ $0 \times 2 + 3 + 1$ (gemerkt) $= 4$
41604

Wenn Sie wissen möchten, warum man auf diese Weise stets zum richtigen Ergebnis kommt – der Beweis gehört zu den Aufgaben am Ende dieses Kapitels. Die Lösung finden Sie im Anhang.

Auch hier noch vier Aufgaben zum Selbstrechnen:

2438 × 12

9356 × 12

452895 × 12

59353345 × 12

Die Ergebnisse zum Vergleichen: 29256, 112272, 5434740, 712240140

Multiplikation mit 6

Bei 11 und 12 mussten wir nur addieren. Wenn wir mal 5, 6 oder mal 7 rechnen, müssen Ziffern der Ausgangszahl bei Trachtenbergs Rechenmethode auch halbiert werden. Solange die Ziffer gerade ist, macht das keine Schwierigkeiten. Die Hälfte von 6 ist 3, die Hälfte von 8 ist 4. Wenn die Ziffer ungerade ist – zum Beispiel 5 –, dann lautet das Ergebnis nicht 2 ½, sondern nur 2. Die Hälfte von 3 ist dementsprechend 1 – und die Hälfte von 1 ist 0! Bei der Trachtenberg-Methode verstehen wir unter Hälfte also etwas anderes als sonst in der Mathematik. Nicht die exakte Hälfte, sondern die ganzzahlige.

Beim Multiplizieren mit 6 gehen wir ähnlich vor wie beim Malnehmen mit 11 und 12. Wieder schreiben wir die einzelnen Ziffern der Ergebniszahl direkt unter die Ziffern der Ausgangszahl. Nur dass wir dabei eine andere Rechenregel anwenden: Zu jeder Ziffer addieren wir die Hälfte ihres rechten Nachbarn.

Der Einfachheit halber beginnen wir mit einer dreistelligen Zahl, die nur gerade Ziffern hat. Deshalb besteht die Rechnung auch aus nur vier Schritten:

624×6

Schritt 1 $\underline{0624} \times 6$ Die 4 hat keinen rechten Nachbarn,
  4   also schreiben wir darunter 4

Schritt 2 $\underline{0624} \times 6$ $2 + 2$ (Hälfte von 4) $= 4$
  44

Schritt 3 $\underline{0624} \times 6$ 6 + 1 (Hälfte von 2) = 7
            744

Schritt 4 $\underline{0624} \times 6$ 0 + 3 (Hälfte von 6) = 3
            3744

Was aber machen wir, wenn eine Ziffer ungerade ist? Wir müssen dann zusätzlich eine 5 dazuaddieren, damit die Rechnung stimmt. Die vollständige Regel für mal 6 lautet daher: Addiere zu einer Zahl die Hälfte ihres Nachbarn, und falls die Zahl (nicht der Nachbar!) ungerade ist, zusätzlich 5. Das klingt etwas verwirrend, ist aber nicht so schwer:

3467 × 6

Schritt 1 $\underline{03467} \times 6$ 7 + 0 (kein Nachbar) + 5
            '2   (7 ist ungerade) = 12

Schritt 2 $\underline{03467} \times 6$ 6 + 3 (Hälfte von 7) + 1 (gemerkt) = 10
            '02

Schritt 3 $\underline{03467} \times 6$ 4 + 3 (Hälfte von 6) + 1 (gemerkt) = 8
            802

Schritt 4 $\underline{03467} \times 6$ 3 + 2 (Hälfte von 4) + 5
            '0802   (3 ist ungerade) = 10

Schritt 5 $\underline{03467} \times 6$ 0 + 1 (Hälfte von 3) + 1 (gemerkt) = 2
            20802

Jetzt sind Sie wieder dran!

2438 × 6

9356×6

452895×6

59353345×6

Wenn Sie alles richtig gemacht haben, müssten Sie auf 14628, 56136, 2717370 und 356120070 gekommen sein.

Multiplikation mit 7

Die Regel bei mal 7 ist ähnlich wie bei mal 6: Verdopple die Zahl und addiere die Hälfte ihres Nachbarn, und falls die Zahl ungerade ist, zusätzlich 5.

Beginnen wir mit dem einfachen Beispiel mit ausschließlich geraden Ziffern.

624×7

Schritt 1	$\underline{0624} \times 7$ 8	$4 \times 2 + 0$ (kein Nachbar) = 8
Schritt 2	$\underline{0624} \times 7$ 68	$2 \times 2 + 2$ (Hälfte von 4) = 6
Schritt 3	$\underline{0624} \times 7$ '368	$6 \times 2 + 1$ (Hälfte 2) = 13
Schritt 4	$\underline{0624} \times 7$ 4368	$0 + 3$ (Hälfte von 6) + 1 (gemerkt) = 4

Nun die zweite Rechnung für eine Zahl, die auch ungerade Ziffern enthält:

3467 × 7

Schritt 1	<u>03467</u> × 7 '9	7 × 2 + 0 (kein Nachbar) + 5 (7 ist ungerade) = 19, also 9 und 1 gemerkt
Schritt 2	<u>03467</u> × 7 '69	6 × 2 + 3 (Hälfte von 7) + 1 (gemerkt) = 16
Schritt 3	<u>03467</u> × 7 '269	4 × 2 + 3 + 1 = 12
Schritt 4	<u>03467</u> × 7 '4269	3 × 2 + 2 + 1 (gemerkt) + 5 (3 ist ungerade) = 14
Schritt 5	<u>03467</u> × 7 24269	0 + 1 (Hälfte von 3) + 1 (gemerkt) = 2

Jetzt sind Sie wieder dran!

2438 × 7

9356 × 7

452895 × 7

59353345 × 7

Die richtigen Ergebnisse sind 17066, 65492, 3170265 und 415473415.

Multiplikation mit 5

Vielleicht wundern Sie sich über die Reihenfolge, in der ich Ihnen die Multiplikationsregeln erkläre. Es begann mit mal 11 und mal 12, dann folgten 6 und 7, jetzt ist die 5 dran. Das wirkt wie ein Durcheinander – aber es ist keins. Ich habe nämlich mit den einfachsten Regeln begonnen – und es wird Schritt für Schritt immer ein bisschen schwieriger.

Wie man eine gerade Zahl geschickt mal 5 rechnet, wissen Sie schon aus Kapitel 2: Sie halbieren die Zahl und rechnen mal 10. Längere Zahlen können wir auch in handliche Päckchen zerlegen.

Die Trachtenberg-Regel für die 5 nutzt den Kniff, halbieren und mal 10, ebenfalls – doch sie funktioniert für beliebige ungerade Zahlen und kommt ohne Päckchen aus.

Wir schreiben unter eine Ziffer der Ausgangszahl einfach die ganzzahlige Hälfte des Nachbarn. Falls die Ziffer (nicht der Nachbar!) ungerade ist, addieren wir zusätzlich eine 5.

Zunächst wieder die einfache Ausgangszahl 624:

624×5

Schritt 1	$0\underline{6}2\underline{4} \times 5$	4 hat keinen Nachbarn, also schreiben
	0	wir 0
Schritt 2	$0\underline{6}\underline{2}4 \times 5$	die Hälfte von 4 = 2
	20	
Schritt 3	$0\underline{6}24 \times 5$	die Hälfte von 2 = 1
	120	
Schritt 4	$\underline{0}624 \times 5$	Die Hälfte von 6 = 3
	3120	

Jetzt eine zweite Multiplikation mit einer Zahl, die auch ungerade Ziffern enthält:

3467×5

Schritt 1	$\underline{03467} \times 5$	7 hat keinen Nachbarn, ist aber
	5	ungerade, also schreiben wir $0 + 5 = 5$
Schritt 2	$\underline{03467} \times 5$	3 ist die ganzzahlige Hälfte von 7.
	35	Die 6 ist gerade, also kommt keine 5 hinzu
Schritt 3	$\underline{03467} \times 5$	3 (Hälfte von 6). 4 ist gerade, also
	335	kommt keine 5 hinzu
Schritt 4	$\underline{03467} \times 5$	2 (Hälfte von 4) + 5 (3 ist
	7335	ungerade) = 7
Schritt 5	$\underline{03467} \times 5$	Hälfte von $3 = 1$. 0 ist gerade, also
	17335	kommt keine 5 hinzu

Probieren Sie aus, wie gut Sie die Methode beherrschen!

2438×5

9356×5

452895×5

59353345×5

Die Ergebnisse lauten 12190, 46780, 2264475 und 296766725.

Multiplikation mit 9

Trachtenbergs Kalkulationen mal 8 und mal 9 erfordern eine neue Operation. Wir ziehen die Ziffer der Ausgangszahl von 10 oder auch von 9 ab. Im Fall der 10 wird aus einer 7 somit 3. Im Fall von 9 ergibt sich aus 7 eine 2.

Die Regeln für die Multiplikation mit 9 lauten:

1. Ziehe die Ziffer ganz rechts von 10 ab – dies ergibt die rechte Ziffer der Ergebniszahl.
2. Für die folgenden Ziffern der Ausgangszahl gilt: Ziehe diese von 9 ab und addiere den Nachbarn.
3. Für die erste Ziffer des Ergebnisses, die ganz links unter der 0 steht, gilt folgende Berechnungsregel: Ziehe von der ersten Ziffer der Ausgangszahl 1 ab.

Das wirkt alles vielleicht etwas verwirrend, Sie verstehen die Regel viel besser am Beispiel:

3467×9

Schritt 1	$\underline{03467} \times 9$	$10 - 7 = 3$, also lautet die letzte Ziffer
	3	des Ergebnisses 3
Schritt 2	$\underline{03467} \times 9$	$9 - 6 + 7\,(\text{Nachbar}) = 10$. Wir
	'03	schreiben 0 und 1 gemerkt
Schritt 3	$\underline{03467} \times 9$	$9 - 4 + 6\,(\text{Nachbar}) + 1\,(\text{gemerkt}) = 12$
	'203	Wir schreiben 2 und 1 gemerkt

Schritt 4 $\underline{03467} \times 9$ $9 - 3 + 4 + 1 = 11$, also 1 und 1
'1203 gemerkt

Schritt 5 $\underline{03467} \times 9$ $3 - 1 + 1 \,(\text{gemerkt}) = 3$
31203

War doch gar nicht so schwer, oder? Nun sind Sie wieder dran!

2438 × 9

9356 × 9

452895 × 9

59353345 × 9

Zum Vergleichen die Ergebnisse: 21942, 84204, 4076055, 534180105.

Multiplikation mit 8

Wenn Sie die Regeln für die 9 verstanden haben, wird Ihnen die 8 kaum Probleme bereiten.

1. Ziffer ganz rechts: von 10 abziehen und verdoppeln.
2. Ziffern in der Mitte: von 9 abziehen, Ergebnis verdoppeln und dann den rechten Nachbarn addieren.
3. Ziffer ganz links (unter der 0): von der ersten Ziffer der Ausgangszahl 2 abziehen.

3467×8

Schritt 1 $\underline{03467} \times 8$ $(10-7) \times 2 = 6$
            6

Schritt 2 $\underline{03467} \times 8$ $(9-6) \times 2 + 7 \,(\text{Nachbar}) = 13.$
          '36   Wir schreiben 3 und 1 gemerkt

Schritt 3 $\underline{03467} \times 8$ $(9-4) \times 2 + 6$
         '736 $(\text{Nachbar}) + 1 \,(\text{gemerkt}) = 17.$ Wir
                       schreiben 7 und 1 gemerkt

Schritt 4 $\underline{03467} \times 8$ $(9-3) \times 2 + 4 + 1 = 17$, also 7 und
        '7736   1 gemerkt

Schritt 5 $\underline{03467} \times 8$ $3 - 2 + 1 \,(\text{gemerkt}) = 2$
       27736

Und nun Sie!

2438×8

9356×8

452895×8

59353345×8

Sind Sie auch auf 19504, 74848, 3623160 und 474826760 ge-kommen? Dann haben Sie richtig gerechnet.

Multiplikation mit 4

Nun fehlen uns noch die Faktoren 2, 3 und 4. Die 2 ist dabei der einfachste, man verdoppelt eine Zahl, indem man ihre Ziffern von rechts beginnend verdoppelt. Die Regel für die 4 ist nicht ganz so einfach und besteht aus drei Teilen.

1. Ziffer ganz rechts: Zahl von 10 abziehen und 5 addieren, falls die Zahl ungerade ist.
2. Ziffern in der Mitte: Zahl von 9 abziehen und 5 addieren, falls die Zahl ungerade ist, zusätzlich die Hälfte des Nachbarn addieren.
3. Ziffer unter der 0: Hälfte des Nachbarn minus 1.

3467×4

Schritt 1	$\underline{03467} \times 4$ 8	$10 - 7 + 5\,(7\ \text{ist ungerade}) = 8$
Schritt 2	$\underline{03467} \times 4$ 68	$9 - 6 + 3\,(\text{Hälfte von } 7) = 6$
Schritt 3	$\underline{03467} \times 4$ 868	$9 - 4 + 3\,(\text{Hälfte von } 6) = 8$
Schritt 4	$\underline{03467} \times 4$ 3868	$9 - 3 + 5\,(3\ \text{ist ungerade}) + 2\,(\text{Hälfte}$ $\text{von } 4) = 13$, also 3 und 1 gemerkt
Schritt 5	$\underline{03467} \times 4$ 13868	$1\,(\text{Hälfte von } 3) - 1 + 1\,(\text{gemerkt}) = 1$

Ich finde es kurios, dass die Multiplikation mit 11 nach Trachtenberg viel einfacher ist als seine Regel für mal 4. Aber so geht es zu in der Arithmetik. Die 4 mag kleiner und handlicher als die 11 aussehen – sie ist es aber nicht.

Jetzt kommt wieder Ihr Part!

2438 × 4

9356 × 4

452895 × 4

59353345 × 4

Die richtigen Ergebnisse lauten 9752, 37424, 1811580, 237413380.

Multiplikation mit 3

Die Regeln für den Faktor 3 sind so ähnlich wie beim Faktor 8.

1. Ziffer ganz rechts: Zahl von 10 abziehen und verdoppeln. 5 addieren, falls die Zahl ungerade ist.
2. Ziffern in der Mitte: Zahl von 9 abziehen und verdoppeln. 5 addieren, falls die Zahl ungerade ist, zusätzlich die Hälfte des Nachbarn addieren.
3. Ziffer unter der 0: Hälfte des Nachbarn minus 2.

3467 × 3

Schritt 1 0̲3̲4̲6̲7̲ × 3   (10−7)×2+5(7 ist ungerade)=11,
            '1   also 1 und 1 gemerkt

Schritt 2 0̲3̲4̲6̲7̲ × 3   (9−6)×2+3(Hälfte von 7)
            '01   +1(gemerkt)=10, also 0 und 1
                    gemerkt

Schritt 3 0̲3̲4̲6̲7̲ × 3   (9−4)×2+3(Hälfte von 6)+1
            '401   (gemerkt)=14, also 4 und 1 gemerkt

Schritt 4 0̲3̲4̲6̲7̲ × 3   (9−3)×2+5(3 ist ungerade)
            ''0401   +2(Hälfte von 4)+1(gemerkt)=20,
                    also 0 und 2 gemerkt

Schritt 5 0̲3̲4̲6̲7̲ × 3   1(Hälfte von 3)−2+2(gemerkt)=1
            10401

Probieren Sie das Mal-3-Nehmen selbst aus!

2438 × 3

9356 × 3

452895 × 3

59353345 × 3

Wenn Sie alles richtig gemacht haben, müssten Sie auf 7314, 28068, 1358685 und 178060035 gekommen sein.

In der folgenden Übersicht finden Sie die Trachtenberg-Regeln für die Multiplikation mit einstelligen Zahlen noch einmal zusammengefasst.

Faktor	Regeln
2	Ziffer verdoppeln
3	Rechts: Ziffer von 10 abziehen und verdoppeln plus 5, falls Zahl ungerade Mitte: Ziffer von 9 abziehen und verdoppeln plus 5, falls Zahl ungerade ist, plus Hälfte des Nachbarn Links: Hälfte des Nachbarn minus 2
4	Rechts: Ziffer von 10 abziehen plus 5, falls Zahl ungerade Mitte: Ziffer von 9 abziehen plus 5, falls Zahl ungerade, plus Hälfte des Nachbarn Links: Hälfte des Nachbarn minus 1
5	Hälfte des Nachbarn plus 5, falls Zahl neben Nachbar ungerade
6	Zahl plus Hälfte ihres Nachbarn plus 5, falls Zahl ungerade
7	Ziffer verdoppeln plus Hälfte des Nachbarn plus 5, falls Zahl ungerade
8	Rechts: Ziffer von 10 abziehen und verdoppeln Mitte: Ziffer von 9 abziehen und verdoppeln plus Nachbar Links: Nachbar minus 2
9	Rechts: Ziffer von 10 abziehen Mitte: Ziffer von 9 abziehen plus Nachbar Links: Nachbar minus 1
10	An Zahl eine 0 anhängen
11	Ziffer plus Nachbar
12	Ziffer verdoppeln plus Nachbar

Für die Tabelle gelten folgende Konventionen: Mit rechts ist die ganz rechte Ziffer des Ergebnisses gemeint. Die Mitte meint alle übrigen Ziffern außer der ganz linken, die unterhalb der 0 notiert wird. Die 0 schreiben wir beim Rechnen nach Trachtenberg links neben die größte Ziffer der Ausgangszahl.

Die Hälfte ist immer ganzzahlig. Bei ungeraden Zahlen wird auf die nächstkleinere natürliche Zahl abgerundet. Beispiel 5: Die Hälfte ist nicht 2,5, sondern 2.

Haben Sie die Trachtenberg-Regeln schon intus? Ich gebe zu, das braucht etwas Zeit. Und sicher lauern hier ähnliche Fallen wie beim Auswendiglernen des Einmaleins. Statt 54 und 56 zu vertauschen, verwechselt man womöglich die Regeln der Faktoren 3 und 4.

Die Methode soll das Rechnen ja um 20 Prozent verkürzen, so behaupten es zumindest Ann Cutler und Rudolph McShane, die Autoren des Buchs über das Trachtenberg-System. Man braucht sicher einige Übung, um das zu schaffen. Ich kann mir aber durchaus vorstellen, dass man mit diesen Regeln, wenn man sie von klein auf gelernt und immer wieder geübt hat, schneller rechnen kann als auf herkömmliche Weise. Und genau darum ging es Jakow Trachtenberg ja auch.

Ich schulde Ihnen noch eine Erklärung, warum die mysteriösen Rechenregeln stets zum richtigen Ergebnis führen. Sie können gern selbst versuchen, ihre Richtigkeit zu beweisen – siehe Aufgaben 11, 13, 14, 15 am Ende des Kapitels. Oder Sie schauen hinten im Lösungsteil nach, wo Sie exemplarisch die Beweise für die Multiplikation mit 12, 6, 9 und 8 finden.

Kreuzprodukt

Wir haben gesehen, wie Trachtenberg das Multiplizieren in einfaches Summieren überführt hat. Die Faktoren waren dabei allerdings, abgesehen von 11 und 12, immer einstellig.

Was aber macht man, wenn nicht mit 7 oder 8, sondern mit 56 oder 338 multipliziert wird?

Eine Möglichkeit ist, die Trachtenberg-Regeln für einstellige Faktoren mit dem altbekannten schriftlichen Rechnen zu kombinieren. Ein Beispiel:

$$
\begin{array}{r}
3467 \times 87 \\
\hline
24269 \quad (\times 7) \\
27736 \quad (\times 8) \\
\hline
301629
\end{array}
$$

Wir rechnen dabei 3467×7 nach Trachtenberg aus und schreiben das Ergebnis hin. Und um eine Stelle nach links versetzt folgt 3467×8. Diese beiden Zahlen werden dann klassisch addiert, und wir sind fertig.

Versierte Rechner können eine Aufgabe wie diese aber auch mit der sogenannten Kreuzmultiplikation lösen. Dabei entfällt der Schritt mit den beiden Zwischensummen – wir können das Ergebnis stattdessen gleich hinschreiben. Die Kreuzmultiplikation erfordert allerdings gute Kopfrechenkünste.

Nehmen wir zunächst eine einfache Aufgabe:

$$43 \times 87$$

Die Einerstelle des Ergebnisses erhalten wir, wenn wir die Einer der Faktoren miteinander multiplizieren, also $3 \times 7 = 21$. Wir schreiben die 1 hin und merken uns 2.

$$
\begin{array}{r}
43 \times 87 \\
\hline
{}^2 1
\end{array}
$$

Die Zehnerstelle ist dann ein echtes Kreuzprodukt: $3 \times 8 + 4 \times 7 = 24 + 28 = 52$. Hinzu kommt die gemerkte 2, macht also 54, also schreiben wir 4 hin und merken uns 5.

$\underline{43 \times 87}$
$^5 41$

Die Hunderterstelle ist das Produkt der Zehner 4 und 8, also 32. 32 plus die gemerkte 5 ergibt 37 – und diese Zahl schreiben wir als Letztes hin und sind fertig.

$\underline{43 \times 87}$
3741

Nun noch eine Rechnung mit einer vierstelligen Zahl.

$\underline{3467 \times 87}$
301629

Einer	9	$7 \times 7 = 49$, also 9 und 4 gemerkt
Zehner	2	$6 \times 7 + 7 \times 8 + 4 = 102$, also 2 und 10 gemerkt
Hunderter	6	$4 \times 7 + 6 \times 8 + 10 = 86$, also 6 und 8 gemerkt
Tausender	1	$3 \times 7 + 4 \times 8 + 8 = 61$, also 1 und 6 gemerkt
Zehntausender	30	$3 \times 8 + 6 = 30$

Ein Hinweis an alle ambitionierten Kopfrechner: Die Kreuz-multiplikation funktioniert auch dann, wenn wir eine Zahl mit einer dreistelligen Zahl multiplizieren. Dann besteht das Kreuzprodukt allerdings nicht aus zwei, sondern aus drei Einzelprodukten.

Wozu das alles?

Zum Trachtenberg-System gehören übrigens noch viel mehr Rechentricks. Es gibt ein weiteres Verfahren zum Multiplizieren, hinzu kommen Methoden zum Dividieren und Wurzelziehen. Wenn Sie Spaß am Schnellrechnen haben, dann empfehle ich Ihnen das Buch von Cutler und McShane, das Sie zumindest antiquarisch bekommen sollten.

Ich schätze die Trachtenberg-Methode sehr, ich finde, sie ist ein echtes Juwel der Arithmetik. Aber verstehen Sie mich bitte nicht falsch: Die Rechenregeln werden aus ihrer Nische kaum herauskommen. Sie haben sich in den Sechzigerjahren nicht durchgesetzt, als man sie als revolutionär feierte. Und sie werden sich auch heute nicht mehr durchsetzen. Genauso wenig wie wir ein Zurück zu mechanischen Uhren erleben werden. An elektronischen Uhren kommen wir heute ebenso wenig vorbei wie an Taschenrechnern und Computern.

Für den mathematisch Interessierten bietet Trachtenbergs System aber einen spannenden Einblick in den Maschinenraum der Arithmetik, der in der Schule schon lange kein Thema mehr ist. Das Rechensystem zeigt, dass es sehr unterschiedliche Wege gibt, die zum Ziel führen. Es ist also Mathematik im besten Sinne.

Aufgaben

Aufgabe 26 *
Zeigen Sie, dass die Trachtenberg-Regel für die Multiplikation mit 12 stets zum richtigen Ergebnis führt.

Aufgabe 27 * *
Beweisen Sie, dass die Kreuzmultiplikation einer zweistelligen Zahl mit einer zweistelligen Zahl zum richtigen Ergebnis führt.

Aufgabe 28 * * *
Zeigen Sie, dass die Trachtenberg-Regel für Rechnungen mal 6 funktioniert: Nimm die Zahl plus die Hälfte ihres Nachbarn und addiere 5, falls die Zahl ungerade ist.

Aufgabe 29 * * * *
Beweisen Sie die Trachtenberg-Regel für die Multiplikation mit 9. Rechts: Ziffer von 10 abziehen. Mitte: Ziffer von 9 abziehen plus Nachbar. Links: Nachbar minus 1.

Aufgabe 30 * * * *
Beweisen Sie die Trachtenberg-Regel für Multiplikationen mit 8. Sie lautet: Rechts: Ziffer von 10 abziehen und verdoppeln. Mitte: Ziffer von 9 abziehen und verdoppeln plus Nachbar. Links: Nachbar minus 2.

Mathemagisch:
Zaubern mit Zahlen und
Geburtsjahren

Das ist Zauberei: Ihre Zuschauer denken sich eine Zahl aus, rechnen damit ein bisschen herum – aber Sie kennen schon vorab das Ergebnis. Richtig baff ist Ihr Publikum dann spätestens, wenn Sie im Kopf auch noch die fünfte Wurzel aus einer zehnstelligen Zahl ziehen.

Es gibt Momente, in denen Mathematik wie Hexerei erscheint. Denken Sie nur an die Schnellrechenmethode von Trachtenberg im vorherigen Kapitel. Tatsächlich kann man mehrstellige Zahlen mit 7, 8 oder 9 multiplizieren – und muss dazu nur ein paar simple Additionen ausführen. Das ist spannend, aber nicht unbedingt partytauglich.

In diesem Kapitel möchte ich Ihnen eine Reihe mathematischer Zaubertricks vorstellen, mit denen Sie Bekannte, Freunde und Familie verblüffen können. Vom Kalenderrechnen haben Sie vermutlich schon gehört. Aber von den Kunststücken mit Zahlen und Geburtstagen, mit denen Sie den Eindruck erwecken können, Gedanken zu lesen, wahrscheinlich noch nicht.

Fangen wir mit einem klassischen Kopfrechentrick an. Ich denke mir eine beliebige zweistellige Zahl aus und berechne mit dem Taschenrechner ihre 3. Potenz, auch Kubikzahl genannt. Diese Kubikzahl nenne ich Ihnen, nehmen wir als Beispiel 185.193. Ihre Aufgabe ist es nun, die dritte Wurzel aus dieser Zahl zu ziehen – natürlich ohne Taschenrechner.

Die Lösung lautet übrigens 57. Es scheint kaum möglich zu sein, solche Berechnungen im Kopf durchzuführen. Aber es geht. Kopfrechenkünstler bekommen das hin – und Sie auch, wenn Sie den Trick verstanden haben.

Nehmen wir eine andere Kubikzahl: 681.472. Wie findet

man ihre dritte Wurzel? Die Zahl ist deutlich größer als $57^3 = 185.193$. Also wird ihre dritte Wurzel auch größer sein als 57 – doch so richtig hilft uns diese Erkenntnis nicht weiter.

Wir können die dritte Wurzel aus 681.472 trotzdem rasant schnell im Kopf ziehen, wenn wir zunächst die Einerstelle der gesuchten Zahl ermitteln und dann ihre Zehnerstelle schätzen. Um den Trick vorführen zu können, sollten Sie die dritten Potenzen der Zahlen von 1 bis 10 möglichst auswendig kennen:

Zahl	Zahl^3
1	1
2	8
3	27
4	64
5	125
6	216
7	343
8	512
9	729
10	1000

Diese Kubikzahlen liefern uns schon mal den ersten Hinweis – und zwar auf die Einerstelle der gesuchten dritten Wurzel. Schauen Sie sich bitte die Einerstellen der Kubikzahlen von 1 bis 10 an:

Zahl	Einer von Zahl^3
1	1
2	8
3	7
4	4
5	5
6	6

7	3
8	2
9	9
10	0

Fällt Ihnen etwas auf? Die Kubikzahlen enden alle auf unterschiedliche Ziffern. Außer bei 2, 3, 7 und 8 entspricht die letzte Ziffer sogar genau der Ausgangszahl.

Wenn wir die letzte Ziffer der gesuchten dritten Wurzel herausfinden wollen, brauchen wir uns also bloß die letzte Ziffer der gegebenen Kubikzahl anzuschauen. Im Fall von 681.472 ist das eine 2 – also endet unsere Kubikwurzel auf 8.

Die Einermethode

Eine kurze Erklärung dazu: Wenn a und b natürliche Zahlen sind und b einstellig ist, können wir jede beliebige natürliche Zahl in der Form $10a + b$ darstellen. b ist dabei die letzte Ziffer der Zahl, die Einerstelle. Die dritte Potenz berechnen wir folgendermaßen:

$$(10a + b)^3 = 1000a^3 + 300a^2 b + 30ab^2 + b^3$$

Alle Terme außer b^3 sind Vielfache von 10 und beeinflussen die letzte Ziffer der Kubikzahl nicht. Über die letzte Ziffer entscheidet daher allein der Term b^3. Deshalb können wir aus der letzten Ziffer einer Zahl leicht die letzte Ziffer ihrer Kubikzahl berechnen. Und weil die Kubikzahlen von 0 bis 9 auf unterschiedliche Ziffern enden, können wir umgekehrt aus der Einerstelle einer Kubikzahl auch die Einerstelle der Ausgangszahl ermitteln.

Den Einer kennen wir also schon, es ist eine 8, fehlt noch der Zehner – die gesuchte Lösungszahl ist ja laut Vorgabe zweistellig. Um den Zehner zu finden, streichen wir von der Kubikzahl 681.472 die letzten drei Ziffern weg und schauen noch mal in die Tabelle der Kubikzahlen von 1 bis 10. Die Zahl 681 liegt zwischen der dritten Potenz von 8 und 9, also liegt 681.472 zwischen 80^3 und 90^3. Die Lösung muss daher 88 sein – und das stimmt auch.

Jetzt sind Sie dran! Berechnen Sie die dritten Wurzeln folgender Zahlen:

19.683
287.496
804.357
13.824

Die Lösungen lauten 27, 66, 93, 24.

Der Trick mit der letzten Ziffer funktioniert bei der fünften Potenz sogar noch besser, wie folgende Tabelle beweist:

Zahl	Zahl^5
1	1
2	32
3	243
4	1024
5	3125
6	7776
7	16807
8	32768
9	59049
10	100000

Die letzte Ziffer einer fünften Potenz entspricht nämlich genau dem Einer der Ausgangszahl. Sie können das gleiche Spiel also auch mit fünften Potenzen spielen, müssen sich dafür aber die Tabelle links einprägen.

Ein Beispiel: Ein Bekannter sagt Ihnen die Zahl 601.692.057. Wie ist deren fünfte Wurzel? Sie endet auf jeden Fall auf 7. Um die Zehnerstelle zu ermitteln, streichen Sie nicht die letzten drei, sondern die letzten fünf Stellen. 6016 liegt zwischen 5^5 und 6^5 – also ist 57 die Lösung.

Für Sie zum Üben: Berechnen Sie die fünften Wurzeln folgender Zahlen:

    20.511.149
    992.436.543
    9.509.900.499
    164.916.224

Wenn Sie alles richtig gemacht haben, müssten Sie folgende Ergebnisse haben: 29, 63, 99, 44.

Rechnen wie ein Weltmeister

Den Trick mit der letzten Ziffer nutzen übrigens auch Zahlengenies wie Gert Mittring. Der deutsche Rechenweltmeister kann im Kopf binnen weniger Sekunden die 13. Wurzel aus einer hundertstelligen Zahl ziehen. Er benötigt dazu allerdings noch einen weiteren Trick: das schnelle Logarithmieren und Delogarithmieren im Kopf.

Bei seinem Weltrekord im Jahr 2004 bekam er die hundertstellige Aufgabenzahl 7 066 437 381 674 286 102 234 008 830 240 157 375 704 233 170 702 632 731 269 721 516 000 395

709 065 419 973 141 914 549 389 684 111. Die Frage war: Wie lautet die 13. Wurzel?

Mit seiner Logarithmusmethode (mehr darüber erfahren Sie unter Quellen am Ende des Buches) konnte Mittring die ungefähre Lösung berechnen, und zwar 47.941.067. Für die letzten zwei Stellen griff der Zahlenkünstler dann zu einer ähnlichen Methode wie wir bei den Kubikzahlen. Weil die hundertstellige Zahl auf 11 endet, müssen die letzten beiden Ziffern der 13. Wurzel 71 sein. Mittring hat die letzten zwei Ziffern aller 13. Potenzen von 1 bis 100 nämlich im Kopf.

Damit hatte er die richtige Lösung 47.941.071 gefunden – in nur 11,6 Sekunden! Kurze Zeit später unterbot der Franzose Alexis Lemaire die Zeit von Mittring sogar noch. Lemaire wandte sich danach 200-stelligen Zahlen zu. Die 13. Wurzel aus solch einem Giganten zieht er in etwas mehr als einer Minute.

War der 15. März 1924 ein Montag?

Ein Trick, der mich immer wieder beeindruckt, ist das Kalenderrechnen. Dabei geht es darum, zu einem gegebenen Datum den Wochentag zu ermitteln. Es kann Ihr Geburtstag sein oder ein historisches Datum. Nehmen wir als Beispiel den 15. März 1924.

Es gibt verschiedene, sich ähnelnde Methoden, den zugehörigen Wochentag herauszufinden. Ich möchte Ihnen hier einen allgemeingültigen Berechnungsweg vorstellen, der ohne weitere Anpassungen für beliebige Datumsangaben funktioniert.

Beim Kalenderrechnen gehen wir von einem festen Datum aus, dessen Wochentag wir kennen. Der 1.1.1900 beispielsweise war ein Montag. Anschließend berechnen wir, wie sich der Wochentag verschiebt, wenn wir das Datum ändern. Diese Verschiebung wird beeinflusst von der Jahreszahl, dem Monat und der Tageszahl.

Bei der Kalkulation nutzen wir die Funktion Modulo. Sie berechnet den Rest einer natürlichen Zahl beim Teilen durch eine andere natürliche Zahl. Wie Modulo funktioniert, versteht man am schnellsten an konkreten Beispielen: 7 mod 2 (sprich 7 modulo 2) ist beispielsweise 1, denn 7 geteilt durch 2 lässt den Rest 1.

Was ist 8 mod 2? 8 ist glatt durch 2 teilbar, der Rest ist deshalb 0 und daher gilt auch 8 mod 2 = 0.

Noch ein drittes Beispiel: 45 mod 7. 45 ist nicht durch 7 teilbar, das nächstkleinere Vielfache von 7 ist 42 (= 6 × 7). 45 ist 3 größer als 42, also gilt 45 mod 7 = 3. Hier noch mal alle drei Modulo-Rechnungen im Überblick:

$$7 \bmod 2 = 1, \text{ weil } \frac{7}{2} = 3 \text{ Rest } 1$$

$$8 \bmod 2 = 0, \text{ denn } \frac{8}{2} = 4 \text{ Rest } 0$$

$$45 \bmod 7 = 3, \text{ weil } \frac{45}{7} = 6 \text{ Rest } 3$$

Zurück zum Kalenderrechnen: Um den Wochentag eines gegebenen Datums herauszufinden, benötigen wir fünf verschiedene Zahlen.

1. Tageszahl: Die Tageszahl wird aus dem Tag im Monat wie folgt berechnet:

Tageszahl = Tag im Monat mod 7

Für den 15. März 1924 lautet die Tageszahl 15 mod 7 = 1.

2. Monatszahl: Sie können sich diese Zahlen Monat für Monat herleiten, besser ist aber, sie sich einzuprägen:

Jan = 0
Feb = 3
Mär = 3
Apr = 6
Mai = 1
Jun = 4
Jul = 6
Aug = 2
Sep = 5
Okt = 0
Nov = 3
Dez = 5

Die Monatszahl für den 15. März 1924 ist 3.

Zur Herleitung der Monatszahl: Der Januar hat die Monatszahl 0. Er hat 31 Tage, 31 mod 7 = 3 – also verschiebt sich der Wochentag vom 1. Januar zum 1. Februar um 3 Tage. Ist der 1.1. zum Beispiel ein Montag, dann ist der 1.2. ein Donnerstag. Deshalb hat der Februar die Monatszahl 3. Der Februar hat regulär 28 Tage – zu Schaltjahren kommen wir später. Es gilt: 28 mod 7 = 0, also hat auch der März die Monatszahl 3. Für die Folgemonate rechnen Sie auf diese Weise weiter.

3. Jahreszahl: Jetzt wird die Rechnung etwas komplizierter. Sie nehmen die letzten beiden Ziffern des Jahres, im Falle 1924 also 24, und führen damit folgende Kalkulation aus:

(Jahr + Jahr/4) mod 7

Mit diesem Rechenschritt wird auch das Schaltjahr berücksichtigt. Wichtig: Bei der Division der zweistelligen Jahreszahl durch 4 nehmen Sie das ganzzahlige Ergebnis. Beispielsweise gilt 5/4 = 1, 6/4 = 1 und 12/4 = 3.

Für 1924 ergibt sich folgende Rechnung:

$$\text{Jahreszahl} = 24 + \frac{24}{4} \bmod 7$$
$$= 30 \bmod 7$$
$$= 2$$

4. Jahrhundertzahl: Hier wird ähnlich vorgegangen wie bei der Jahreszahl. Nur dass wir mit den ersten beiden Ziffern der Jahresangabe rechnen, bei 1924 also mit 19. Die Formel lautet:

$$\text{Jahrhundertzahl} = (3 - (\text{Jahrhundert} \bmod 4)) \times 2$$

Beim 15. März 1924 rechnen wir:

$$\text{Jahrhundertzahl} = (3 - (19 \bmod 4)) \times 2$$
$$= (3 - 3) \times 2$$
$$= 0$$

Die Jahrhundertzahl kann nur vier verschiedene Werte haben: 0, 2, 4 oder 6. Mit der Jahrhundertzahl wird berücksichtigt, dass durch 100 teilbare Jahreszahlen wie 1800 keine Schaltjahre sind, mit der Ausnahme, dass Vielfache von 400 wie 1600 oder 2000 doch Schaltjahre sind.

5. Schaltjahreskorrektur: Sofern das Datum im Januar oder Februar eines Schaltjahrs liegt, müssen wir eine 1 abziehen oder eine 6 addieren – es ist egal, ob Sie einen Tag in der Woche zurückgehen oder sechs nach vorn.

1924 war zwar ein Schaltjahr, aber unser Datum, der 15. März, liegt weder im Januar noch im Februar. Also entfällt die Schaltjahreskorrektur.

Nun haben wir alle nötigen Zahlen berechnet, um den Wochentag für den 15. März 1924 herauszufinden. Wir addieren alle Zahlen und erhalten:

$$1 + 3 + 2 + 0 + 0 = 6$$

Das bedeutet, dass der 15. März 1924 der sechste Wochentag, also ein Samstag war. Wenn die Summe der fünf Zahlen größer als 7 ist, berechnen wir Modulo 7 dieser Zahl und haben sofort die Nummer des Wochentags. Wenn Modulo 7 = 0 ist, dann handelt es sich um einen Sonntag.

Haben Sie Lust, das Kalenderrechnen selbst einmal auszuprobieren? Versuchen Sie sich am besten zuerst mit den folgenden drei Daten – und dann natürlich noch mit Ihrem Geburtstag.

26. Mai 1966
16. Juli 1789
9. November 1989

Wenn Sie beim Jonglieren mit Tages-, Monats- und Jahreszahl alles richtig gemacht haben, dann müssten Sie in allen drei Fällen auf das gleiche Ergebnis gekommen sein: Donnerstag.

Zaubern mit Fibonacci-Zahlen

Weiter geht's mit echter Zahlenmagie. Im Handumdrehen 8 Zahlen addieren – das ist nicht so einfach. Sofern die 8 Zahlen zufällig ausgewählt sind, dauert das Rechnen eine gewisse Zeit. Wenn die 8 Zahlen aber nach bestimmten Regeln berechnet wurden, existiert womöglich eine clevere Abkürzung, mit der Sie die Summe praktisch sofort hinschreiben können.

Ein Beispiel dafür sind die Fibonacci-Zahlen. Der italienische Mathematiker Leonardo Fibonacci hat vor mehr als 800 Jahren eine Zahlenfolge beschrieben, mit der man das Wachstum einer Kaninchenpopulation berechnen kann. Die Regeln dieser Folge werden wir für unseren Rechentrick benutzen.

Sie bitten eine Person, sich zwei natürliche Zahlen auszudenken, Ihnen diese Zahlen aber nicht zu nennen. Nun erklären Sie dem Zuschauer, wie er acht weitere Zahlen ausrechnet: Er schreibt die beiden gewählten Zahlen untereinander an die Tafel. Die nächste Zahl, die unter die beiden Vorgänger geschrieben wird, ist genau die Summe der beiden über ihr stehenden Zahlen.

Sie können das gern an einem Beispiel erläutern: Wählt man 2 und 3, ist die dritte Zahl $2 + 3 = 5$. Als vierte Zahl ergibt sich $3 + 5 = 8$, als fünfte $5 + 8 = 13$ und so weiter – also jeweils die Summe der beiden darüberstehenden. Insgesamt 8 Zahlen muss Ihr Zuschauer auf diese Weise berechnen, sodass am Ende genau 10 Zahlen an der Tafel stehen. Sie als Magier drehen der Tafel natürlich den Rücken zu, während der Kandidat dort rechnet und das Ergebnis nicht an der Tafel, sondern auf einem Zettel notiert.

Nehmen wir an, als Ausgangszahlen wurden 23 und 79 gewählt. Dann stehen an der Tafel folgende 10 Zahlen:

23
79
102
181
283
464
747
1211
1958
3169

Nun drehen Sie sich um, gehen zur Tafel und schreiben sofort die Summe dieser acht Zahlen darunter: 8217.

Der Trick funktioniert folgendermaßen: Sie nehmen die viertletzte Zahl, also die 747, und multiplizieren diese mit 11. Das geht ziemlich einfach, wie Sie aus den Kapiteln 1 und 6 wissen. Sie rechnen zu jeder Ziffer die rechts daneben stehende hinzu.

Sie können Ihre Zuschauer gern nachrechnen lassen – sie werden lange tippen und dann auf dasselbe Ergebnis kommen.

Es ist nicht schwer zu beweisen, dass der Trick immer funktioniert. Wenn die beiden Ausgangszahlen a und b sind, ergeben sich folgende zehn Zahlen

$$a$$
$$b$$
$$a + b$$
$$a + 2b$$
$$2a + 3b$$
$$3a + 5b$$
$$5a + 8b$$
$$8a + 13b$$

178

13a + 21b
21a + 34b

Die Summe dieser zehn Zahlen kann ich folgendermaßen berechnen:

$$\text{Summe} = 2 \times (21a + 34b) + 2 \times (5a + 8b) + 2 \times (a + 2b) + a$$
$$= 55a + 88b$$

Diese Summe entspricht genau dem Elffachen der viertletzten Zahl 5a + 8b – damit ist klar, wie dieser Trick funktioniert.

Zahl vorhersagen

Sehr hübsch ist der Trick, bei dem man auf magische Weise das Ergebnis einer langen Rechnung vorhersagt, ohne die Zahl zu kennen, die sich ein Zuschauer zu Beginn der Rechnung ausgedacht hat. Das Ganze funktioniert, weil bei der Rechnung unabhängig von der verwendeten Ausgangszahl immer dasselbe Ergebnis herauskommt, was nicht so leicht zu durchschauen ist.

Nehmen wir folgendes Beispiel: Sie bitten den Zuschauer, sich eine Zahl auszudenken, diese aber für sich zu behalten. Dann bitten Sie ihn, folgende Rechenoperationen mit dieser Zahl durchzuführen:

1. Verdoppeln Sie die Zahl.
2. Addieren Sie 8 hinzu.
3. Teilen Sie das Ergebnis durch 2.
4. Ziehen Sie die ursprüngliche Zahl davon ab.

Das Ergebnis lautet 4 – und Ihr Zuschauer wird jedes Mal erstaunt nicken. Warum? Das beweist die folgende Rechnung für eine beliebige natürliche Zahl a, die sich der Zuschauer ausgedacht hat. Er macht damit nach Ihrer Vorgabe folgende Rechenschritte:

$$\text{Ergebnis} = \frac{2a+8}{2} - a$$
$$= a + 4 - a$$
$$= 4$$

Sie können die Rechnung gern auch etwas variieren, indem Sie statt 8 eine beliebige gerade Zahl addieren (in Schritt 2). Wenn Sie ansonsten nichts an der Berechnung ändern, wird das Ergebnis die Hälfte der von Ihnen selbst gewählten Zahl sein, die Sie den Zuschauer in Schritt 2 haben addieren lassen.

Etwas komplizierter in den Rechenschritten und damit für Ihr Publikum noch verwirrender ist folgender Trick. Wieder wählt der Zuschauer eine Zahl und kalkuliert damit nach Ihren Anweisungen:

1. Addieren Sie 11.
2. Multiplizieren Sie das Ergebnis mit 2.
3. Subtrahieren Sie dann davon 20.
4. Nehmen Sie das Ergebnis mal 5.
5. Subtrahieren Sie das Zehnfache der gedachten Zahl.

Sie können dem Zuschauer sofort das Ergebnis sagen – es lautet 10, egal, welche Zahl er sich ausgedacht hat. Der Beweis dafür ist nicht schwer. Wenn a die vom Zuschauer gewählte Zahl ist, rechnet er:

$$((a+11) \times 2 - 20) \times 5 - 10a = (2a+2) \times 5 - 10a = 10$$

Rechnen mit Spiegelzahlen

Noch ein ganzes Stück rätselhafter ist folgende magische Kalkulation, bei der Sie ebenfalls das Ergebnis einer Rechnung mit einer Ihnen unbekannten Zahl vorhersagen.

Ein Zuschauer soll sich eine beliebige dreistellige Zahl ausdenken. Einzige Bedingung: Die erste Ziffer, die Hunderterstelle, ist mindestens 2 größer als die letzte Ziffer, der Einer. Nehmen wir beispielsweise 632. Dann soll der Zuschauer mit 632 folgende Operationen ausführen:

1. Schreiben Sie die Zahl in umgekehrter Reihenfolge darunter – die sogenannte Spiegelzahl.
   236

2. Subtrahieren Sie die Spiegelzahl von der Ausgangszahl.
   $$\begin{array}{r} 632 \\ -\,236 \\ \hline =396 \end{array}$$

3. Schreiben Sie unter das Ergebnis der Subtraktion das Ergebnis in umgekehrter Ziffernfolge.
   396
   693

4. Addieren Sie diese beiden Zahlen. Das Ergebnis lautet stets 1089.
   $$\begin{array}{r} 396 \\ +\ \ 693 \\ \hline =1089 \end{array}$$

Warum kommt dabei immer 1089 heraus? Wir schauen uns die Rechnung für eine beliebige dreistellige Zahl mit den Ziffern abc an, wobei a mindestens um 2 größer ist als c. a, b und c sind einstellige natürliche Zahlen – die vom Zuschauer gewählte Zahl ist dementsprechend $100a + 10b + c$.

Wir führen nun die Schritte 1 bis 4 aus und beobachten, was mit den Ziffern geschieht. Die vier Spalten in der Tabelle stehen für die 1000er-, 100er-, 10er- und Einerstelle.

	1000er	100er	Zehner	Einer
Ausgangszahl		a	b	c
1. Schritt: Spiegelzahl		c	b	a
2. Schritt: Differenz		a−c	0	c−a

Weil a größer als c ist, müssen wir an der Einerstelle noch etwas tun, denn c − a ist eine negative Zahl. Der Einer lautet deshalb $10 - (a - c)$ und dementsprechend ist der Zehner nicht mehr 0, sondern 9 und auch der 100er sinkt um 1 von a − c auf a − c − 1. Jetzt können wir die Spiegelzahl des Ergebnisses bilden und beide Zahlen addieren – beginnend mit den Einern.

	1000er	100er	Zehner	Einer
2. Schritt: Differenz		a−c−1	9	10−(a−c)
3. Schritt: Spiegelzahl		10−(a−c)	9	a−c−1
4. Schritt: Summe		a−c−1 + 10−(a−c)+1 (gemerkt)	8 (1 gemerkt)	10−(a−c) a−c−1
Ergebnis	1	0	8	9

Die Addition ergibt bei der 100er-Stelle 10, und das ist beim schriftlichen Rechnen 0 und 1 gemerkt. Die gemerkte 1 wird zur 1000er-Stelle, und wir haben als Ergebnis 1089 – egal welchen Wert a, b und c haben. Das nenne ich Magie!

Noch mehr Zahlentricks finden Sie im Aufgabenteil am Ende des Kapitels. Dort können Sie selbst versuchen zu beweisen, warum die Tricks funktionieren.

Rechnen mit dem Geburtsjahr

In einem weiteren Zahlenkunststück geht es um das Geburtsjahr eines Zuschauers. Sie bitten ihn, zu seinem Geburtsjahr die Zahl 25 zu addieren und dann auch noch sein Alter. Der Zuschauer behält sein Geburtsjahr, sein Alter und das Ergebnis natürlich für sich. Dann stellen Sie ihm noch eine weitere Frage: »An welchem Tag im Jahr feiern Sie Geburtstag? Ich benötige nur den Tag und den Monat.«

Der Zuschauer nennt Ihnen das Datum, beispielsweise den 10. April, und Sie müssen nun ein bisschen schauspielern. »Mmh, der 10. April? Das ist eine besondere astrologische Konstellation, da muss ich genau überlegen …«

Sie müssen in der Tat etwas überlegen: Hatte der Zuschauer im laufenden Jahr schon Geburtstag? Ist das der Fall, dann addieren Sie zum aktuellen Jahr, beispielsweise 2013, die Zahl 25 und erhalten 2038. Sie können das Ganze noch etwas geheimnisvoller machen, indem Sie sagen: »Also 7 passt nicht zum Monat, 9 ist zu nah am 10. April. Das kann eigentlich nur eine 8 sein. Die Zahl, die Sie ausgerechnet haben, endet mit einer 8. Und davor steht 204? Nein, 203. Das Ergebnis lautet 2038, stimmt's?« Der Zuschauer wird verblüfft nicken.

Falls sein Geburtstag im aktuellen Jahr noch nicht war, addieren Sie zur aktuellen Jahreszahl nicht 25, sondern nur 24. Fürs Jahr 2013 lautet das Ergebnis dann 2037. Auch dafür finden Sie sicher eine wunderbar mysteriös klingende Erklärung.

Das Geheimnis dieses Rechenkunststücks besteht im Zusammenrechnen von Geburtsjahr und derzeitigem Alter. Denn die Summe ergibt zwangsläufig das aktuelle Jahr. Weil Sie den Zuschauer aber zuerst 25 zu seinem Geburtsjahr addieren lassen, fällt ihm das bei seiner Rechnung nicht auf.

Wenn Sie mehrere Personen nacheinander beeindrucken wollen, variieren Sie die zum Geburtsjahr zu addierende Zahl einfach. Statt 25 nehmen Sie mal 112, mal 83 – und passen das Ergebnis entsprechend an. So ergibt sich bei jeder Person eine andere Zahl.

Von Albrecht Beutelspacher, dem Gründer des Mathematikums in Gießen, kenne ich noch eine andere Variante dieses Tricks:

1. An wie vielen Abenden in der Wochen würden Sie gerne ausgehen, wenn Sie könnten? Multiplizieren Sie diese Zahl mit 2.
2. Addieren Sie 5.
3. Nehmen Sie das Ergebnis mal 50.
4. Wenn Sie in diesem Jahr schon Geburtstag hatten, dann addieren Sie 1763. Wenn nicht, dann addieren Sie 1762.
5. Ziehen Sie davon Ihr Geburtsjahr ab. (Das Geburtsjahr ist vierstellig!)

Das Ergebnis sollte eine dreistellige Zahl sein. Die erste Ziffer ist die Anzahl der Abende, an denen Sie wöchentlich ausgehen wollen. Die beiden letzten Ziffern entsprechen Ihrem

Alter! Falls das Ergebnis zweistellig ist, dann wollen Sie am liebsten an null Abenden pro Woche ausgehen.

Diese Rechnung klappt so allerdings nur im Jahr 2013. Für 2014 müssen Sie beim vierten Schritt 1764 beziehungsweise 1763 addieren. Für jedes Jahr später erhöhen Sie die Zahlen jeweils um 1. Schauen wir uns an, wie die Rechnung im Jahr 2013 funktioniert:

Sie möchten an a Abenden ausgehen, a kann jeden Wert von 0 bis 7 annehmen. Dann rechnen wir bei den Schritten 1 bis 3:

$$(2a+5) \times 50 = 100a + 250$$

Wir nehmen an, Sie hatten in diesem Jahr schon Geburtstag und sind b Jahre alt (b ist eine zweistellige Zahl!). Also lauten die Schritte 4 und 5:

$$
\begin{aligned}
\text{Ergebnis} &= 100a + 250 + 1763 - \text{Geburtsjahr} \\
&= 100a + 2013 - (2013 - b) \\
&= 100a + b
\end{aligned}
$$

Die Zahl b ist Ihr Alter und zweistellig, also sind die letzten beiden Ziffern des Ergebnisses genau Ihr Alter. Und die erste Ziffer lautet a, entspricht also genau der Zahl der Abende, an denen Sie ausgehen möchten.

Alter erraten

Äußerst raffiniert sind Rechnungen, bei denen wir mit dem Rest beim Dividieren durch 9 arbeiten. Sie erinnern sich an das dritte Kapitel. Eine Zahl ist genau dann durch 9 teilbar, wenn ihre Quersumme durch 9 teilbar ist. Die Quersumme einer Zahl verrät uns aber noch mehr: Sie ist genau der Rest, den die Zahl bei der Division durch 9 lässt. Beispiel 33: Die Quersumme ist $3 + 3 = 6$, und das ist auch der Rest, denn $33 : 9 = 3$ Rest 6.

Die 9 wird uns helfen, das genaue Alter eines Unbekannten zu erraten. Sie bitten die Person, eine beliebige natürliche Zahl mit 9 zu multiplizieren und zum Ergebnis das eigene Alter zu addieren. Dann lassen Sie sich das Ergebnis der Rechnung sagen und bilden dessen Quersumme. Ist die Quersumme größer als 9, bilden Sie von der Quersumme erneut die Quersumme – und zwar so oft, bis Sie als Ergebnis eine Zahl erhalten, die nicht größer als 9 ist.

Nehmen wir an, die Person ist 42 Jahre alt und sucht sich 932 aus. Dann nennt sie Ihnen die Zahl $932 \times 9 + 42 = 8430$. Die Quersumme ist 15, was wir wiederum auf 6 reduzieren. Diese Quersumme entspricht nun aber genau dem Rest, den das Alter der Person beim Teilen durch 9 lässt. Also kann der Betreffende nur 6, 15, 24, 33, 42, 51, 60, 69, 78, 87 oder 96 sein. Es liegt an Ihnen, das tatsächliche Alter auszuwählen. Ist der Befragte 33, 42 oder 51? In der Regel dürften Sie das erkennen und sich für das richtige Alter entscheiden – im konkreten Fall für 42.

Kurze Erklärung des Tricks: Wenn Sie zum Alter das Neunfache einer beliebigen Zahl addieren, hat das Ergebnis den gleichen Rest bezüglich der Division durch 9 wie die Alterszahl. Die berechnete Quersumme von 6 entspricht deshalb genau dem Rest, den das Alter selbst beim Teilen durch 9 lässt.

Martin Gardner, der berühmte Sammler und Erfinder von Rätseln, hat vorgeschlagen, in die Altersvorhersage noch einen Geldschein einzubauen. Die vom Besucher gewählte Zahl soll dieser nicht mit 9, sondern mit der Seriennummer eines Geldscheins multiplizieren, den der Zauberer zufällig aus seiner Geldbörse zieht. Der Schein wurde freilich bewusst ausgewählt: Die Seriennummer ist durch 9 teilbar!

Fehlende Ziffer erraten

Der nächste Trick mit der 9 hat wieder mit vertauschten Ziffern zu tun. Sie bitten einen Zuschauer, eine beliebige zehnstellige Zahl aufzuschreiben. Sie als Mathemagier dürfen diese Zahl natürlich nicht sehen. Im nächsten Schritt soll der Zuschauer die Ziffern der zehnstelligen Zahl beliebig miteinander vertauschen und die Differenz von Ausgangszahl und durch Zifferntausch entstandener Zahl berechnen. Er zieht also von der größeren der beiden die kleinere ab.

Nehmen wir an, der Zuschauer hat die Zahl 9876543210 gewählt und mit vertauschten Ziffern 1928374650. Die Differenz ist 7948168560.

Anschließend nennt Ihnen der Zuschauer alle Ziffern des Ergebnisses in einer beliebigen Reihenfolge bis auf eine einzige, die er für sich behält. Welche das ist, kann er frei entscheiden.

Er entscheidet sich, die 8 für sich zu behalten, und sagt:

9, 7, 0, 4, 1, 6, 5, 8, 6.

Sie als Magier können ihm dann sofort sagen, wie die verheimlichte Ziffer lautet. Sie addieren die 9 Zahlen zusammen, kommen auf 46, wovon Sie so lange die Quersumme bilden, bis das Ergebnis nicht mehr größer als 9 ist. Sie erhalten erst 10 und dann 1. Nun ziehen Sie diese 1 von 9 ab und kennen die fehlende Ziffer: 8.

Sie ahnen wahrscheinlich längst, wie das Ganze funktioniert. Die beiden Zahlen, die der Zuschauer voneinander subtrahiert hat, bestehen aus denselben Ziffern und haben deshalb dieselbe Quersumme – also beim Teilen durch 9 auch denselben Rest. Wenn Sie diese beiden Zahlen voneinander subtrahieren, muss das Ergebnis eine durch 9 teilbare Zahl sein, weil sich die identischen Reste genau aufheben.

Damit ist klar, warum die Quersumme der Ergebniszahl selbst durch 9 teilbar ist. Die fehlende Ziffer erhalten Sie deshalb einfach, indem Sie von 9 die Quersumme der Ihnen genannten 9 Zahlen abziehen. Diese Quersumme müssen Sie solange nochmals berechnen, bis sie nicht mehr größer als 9 ist.

Allerdings gibt es bei der Rechnung eine kleine Falle: Hat der Zuschauer sich dafür entschieden, Ihnen die Ziffer 0 oder die 9 vorzuenthalten, dann können Sie nicht entscheiden, ob eine 0 oder eine 9 fehlt. Sie können das umgehen, indem Sie sagen, dass nur die Ziffern von 1 bis 9 erraten werden sollen, also keine 0. Oder aber Sie sagen: »Ist es eine Null? Wenn nicht, dann kann es nur noch, Moment, ich muss überlegen, eine $7 + 2 - 3 + 1$, ähm, eine 9 sein.«

Hand aufs Herz: Hätten Sie gedacht, dass man mit Quersummen zaubern kann? Mich hat das schwer beeindruckt. Sie können die in diesem Kapitel beschriebenen Kunststücke übrigens noch weiter ausbauen. Die Berechnungen werden Ihrem Publikum noch unübersichtlicher erscheinen – und Sie locken es geschickt auf eine oder gleich mehrere falsche Fährten. Selbst gewieften Rechnern dürfte es schwerfallen, den eigentlichen Trick zu erkennen und zu durchschauen.

Noch mehr magische Mathekunststücke finden Sie im übernächsten Kapitel – dem letzten des Buches. Vorher soll es aber noch um eine ganz andere Leidenschaft gehen: das Sammeln von Bildern und Aufklebern.

Aufgaben

Aufgabe 31 * *
Mit folgender Rechnung können Sie den Geburtstag einer Person herausfinden. Sie soll die Tageszahl ihres Geburtstages verdoppeln, 5 addieren und das Ergebnis mal 50 nehmen. Dazu muss sie dann die Monatszahl des Geburtstags addieren. Wenn Ihnen Ihr Gegenüber das Ergebnis der Rechnung nennt, können Sie sofort sagen, an welchem Tag und in welchem Monat dieser Geburtstag hat. Wie stellen Sie das an?

Aufgabe 32 * *
Sie denken sich eine Zahl aus, multiplizieren sie mit 37, addieren 17, multiplizieren das Ergebnis mit 27, addieren 7 und dividieren das Ergebnis durch 999. Als Rest der Division erhalten Sie immer 466. Warum?

Aufgabe 33 * *
Denken Sie sich drei verschiedene Ziffern. Addieren Sie alle sechs zweistelligen Zahlen, die Sie aus je zwei der gewählten Ziffern bilden können. Das Ergebnis teilen Sie durch die Summe der drei gewählten Zahlen. Zeigen Sie, dass dabei stets 22 herauskommt.

Aufgabe 34 * *

Denken Sie sich zwei beliebige dreistellige Zahlen aus. Daraus bilden Sie zwei sechsstellige Zahlen, indem Sie die erste einmal vor die zweite und einmal dahinter schreiben. Berechnen Sie die Differenz beider Zahlen und teilen Sie das Ergebnis durch die Differenz der dreistelligen Ausgangszahlen. Heraus kommt immer 999. Warum?

Aufgabe 35 * * * *

Zwölf Kinder haben alle im selben Jahr Geburtstag, aber jedes in einem anderen Monat. Jedes Kind hat die Tageszahl mit der Monatszahl seines Geburtstags multipliziert. Beispiel: Wäre der Geburtstag der 8. April, käme als Produkt 8 × 4 = 32 heraus.
Die Kinder nennen folgende Produkte: Nina 153, Helena 128, Nicolas 135, Max 81, Ruby 42, Hannah 14, Leo 300, Marlene 187, Adrian 130, Bela 52, Paul 3, Lilly 49. Wer hat wann Geburtstag?

Tauschen und Teilen: Sticker sammeln mit System

Alle zwei Jahre das Gleiche: Kurz vor einer Fußball-WM oder -EM verfallen Kinder wie Erwachsene dem Sammelbildwahn. Wer das Phänomen mathematisch verstanden hat, kann viel Geld beim Füllen seines Albums sparen.

Wann und wo die Idee des Sammelalbums genau entstand, lässt sich nur schwer rekonstruieren. Es könnte Mitte des 19. Jahrhunderts in Paris gewesen sein. Das Kaufhaus »Au bon marché« beschenkte seine Kunden nach dem Einkauf mit Bildern – und schon bald mit Bilderserien. Die farbigen Zeichnungen zeigten Kinder beim Spielen oder elegante Pariserinnen beim Flanieren und sollten die Käufer zum Wiederkommen motivieren.

Der Schokoladenfabrikant Franz Stollwerck produzierte ab 1840 die sogenannte Bilder-Chocolade – das Phänomen Sammelbilder war auch in Deutschland angekommen. Das Einwickelpapier der Schokolade zeigte beispielsweise Motive vom Bau des Kölner Doms. Später wurden die Sammelbilder den Tafeln separat beigefügt.

Bald folgten Zigarettenbilder – das Prinzip war und ist bis heute das gleiche. Das eigentliche Sammelalbum, egal, ob es sich um ein Buch über die Olympischen Spiele 1936, berühmte Schauspieler oder ein Heft zur Fußball-WM handelt, wird günstig verkauft oder gar verschenkt. Die Sammelbilder aber stecken dann entweder in Schokoladenpackungen – oder man kauft sie am Kiosk.

Ist die Sammelleidenschaft erst einmal geweckt, rollt der Rubel. Schauen Sie mal in einem Zeitschriftenladen, zu wie vielen verschiedenen Themen Sammelkarten existieren: Star Wars, Fußball-Bundesliga, Tiere, Die Simpsons, Wrestling.

Besonders beliebt sind große Fußballturniere. Ich habe zur EM 2012 statt Dutzender Einzelpackungen gleich einen kleinen Karton mit 100 Tütchen gekauft, in denen jeweils 5 Sticker steckten. Selbst in dem – wie wir sehen werden – sehr unwahrscheinlichen Fall, dass alle 500 Aufkleber darin verschiedene Motive gewesen wären, hätte ich mein EM-Album noch längst nicht voll gehabt. Denn es gab zur EM 2012 insgesamt 540 verschiedene Sticker des Herstellers Panini.

Ein Tütchen mit fünf Stickern kostet übrigens 60 Cent. Für 540 Aufkleber hätten Sammler also mindestens 64,80 Euro ausgeben müssen. Wie aber bekommt man sein Sammelalbum möglichst günstig gefüllt? Man muss doppelte und dreifache Bilder mit Freunden, Mitschülern und Kollegen tauschen, sagen viele und haben natürlich recht damit. Ich werde Ihnen in diesem Kapitel nicht nur die mathematischen Hintergründe dafür erläutern, sondern auch Wege zeigen, wie Sie Ihr Album voll bekommen, ohne ein Vermögen dafür ausgeben zu müssen.

Würfeln als Analogie

Das Sammelbilderproblem ist glücklicherweise ganz gut zu verstehen. Es gehört in das Gebiet der Wahrscheinlichkeitsrechnung. Sie wissen sicher, wie hoch die Wahrscheinlichkeit p ist, mit einem Würfel eine Sechs zu würfeln. Ja, genau: $p = 1/6$.

Wissen Sie aber auch, wie oft Sie im Durchschnitt würfeln müssen, bis Sie eine Sechs haben? Die Rechnung ist nicht viel schwieriger. Sie nehmen die Wahrscheinlichkeit p und bilden das Reziprok, also $1/p$. Weil $p = 1/6$ ist, erhalten Sie als Ergebnis 6. Das bedeutet, dass Sie im Mittel sechsmal würfeln müssen, damit Sie mindestens eine Sechs haben. Sie werden manchmal nur drei Versuche benötigen, ein anderes Mal aber haben Sie auch nach zwölf Würfen noch keine Sechs.

Falls Sie sehr viele Versuche machen und eine Wurfserie immer erst dann beenden, wenn Sie die erste Sechs haben, können Sie den Mittelwert der Wurfzahl ausrechnen. Bei sehr vielen durchgeführten Wurfserien dürfte als Mittelwert 6 herauskommen.

Panini-Album EM 2012: 540 Sticker gesucht

Nun zu unseren Fußballstickern. Nehmen wir an, wir haben uns ein Album gekauft, in das insgesamt 540 verschiedene Bilder gehören. Wenn ich noch keinen einzigen Sticker habe, wie groß ist dann die Wahrscheinlichkeit, dass der erste, den ich bekomme, einer ist, den ich noch nicht habe? Genau 1. Denn ich habe ja bislang keinen einzigen Aufkleber. Also muss der erste gekaufte Aufkleber einer sein, der im Album noch fehlt.

Nun der nächste Schritt: Ich habe schon einen Aufkleber. Wie groß ist die Wahrscheinlichkeit, dass der zweite Sticker einer ist, den ich noch nicht habe? Weil es 540 verschiedene Bilder gibt, beträgt die Wahrscheinlichkeit p dafür 539/540. Ich muss daher im Mittel 1/p Sticker kaufen – das sind 540/539 –, damit ich einen zweiten Aufkleber ins Album kleben kann. Diese Zahl – 1,0018 – liegt ganz knapp über 1. In der Regel wird also ein Aufkleber reichen.

Weiter geht's mit Sticker Nummer drei. Ich habe schon zwei verschiedene Aufkleber. Die Wahrscheinlichkeit p dafür, dass ein dritter neu ist und nicht doppelt, beträgt 538/540. Daher muss ich durchschnittlich $1/p = 540/538$ Bilder kaufen, um noch ein drittes neues Bild zu haben. 540/538 ist übrigens 1,0037.

Fassen wir zusammen: Damit ich drei verschiedene Sticker in meinem Album habe, muss ich durchschnittlich

$$1 + \frac{540}{539} + \frac{540}{538}$$

Aufkleber kaufen. Wenn ich 1 als Bruch 540/540 schreibe, erhalte ich:

$$\frac{540}{540} + \frac{540}{539} + \frac{540}{538}$$

Das sieht verdächtig nach einer Regel aus, finden Sie nicht? In der Tat haben wir bereits den Anfang der Sammelbilderformel gefunden. Der nächste Term für vier verschiedene Bilder lautet + 540/537, dann folgt 540/536 und so weiter.

Der letzte fehlende Sticker ist der teuerste

Bevor wir die Formel vollständig aufschreiben, schauen wir uns noch kurz an, was passiert, wenn unser Album fast vollständig gefüllt ist. Nehmen wir an, uns fehlt nur noch ein einziger Sticker. Wie groß ist die Wahrscheinlichkeit, dass ein neu gekaufter Aufkleber gerade jener ist, den wir noch brauchen? Bei 540 verschiedenen Bildern beträgt die Wahrscheinlichkeit 1/540. Das bedeutet wiederum, dass ich im Schnitt $1/p = 540$ Aufkleber kaufen muss, um den letzten noch fehlenden Sticker endlich in den Händen zu halten. Ein ziemlich großer Aufwand, finden Sie nicht?

Alle da? Italiens Team ist schon mal vollständig

Wenn noch zwei Sticker fehlen, beträgt die Wahrscheinlichkeit p, dass ein neu gekaufter Aufkleber einer der beiden gesuchten ist, immerhin 2/540. Also muss ich durchschnittlich $540/2 = 270$ Bilder kaufen. Fehlen noch drei Bildchen, muss ich im Mittel $540/3 = 180$ neue Aufkleber besorgen, um zumindest einen Sticker zu ergattern, der mir noch fehlt.

Sie sehen, dass vor allem das Sammeln der letzten noch fehlenden Aufkleber richtig teuer werden kann. Ein noch leeres Album hingegen füllt sich anfangs sehr flott.

Die Sammelbilderformel – jetzt aufgeschrieben in umgekehrter Reihenfolge – lautet wie folgt:

$$\text{Stickerzahl} = \frac{540}{1} + \frac{540}{2} + \frac{540}{3} + \dots \frac{540}{538} + \frac{540}{539} + \frac{540}{540}$$

$$= (\frac{1}{1} + \frac{1}{2} + \frac{1}{3} + \dots \frac{1}{538} + \frac{1}{539} + \frac{1}{540}) \times 540$$

Den Ausdruck in der Klammer nennen Mathematiker Partialsumme der harmonischen Reihe.

$$H_n = \frac{1}{1} + \frac{1}{2} + \dots \frac{1}{n}$$

Für diese Partialsumme existiert leider keine Formel, es gibt aber zum Glück eine Näherungsformel, mit der man diese sperrige Summe leicht berechnen kann – zumindest mithilfe eines Taschenrechners:

$$H_n = \ln(n) + 0{,}5772\dots$$

Dabei ist $\ln(n)$ der natürliche Logarithmus (zur Basis $e = 2{,}71\dots$) und 0,5772 die sogenannte Euler-Mascheroni-Konstante, hier auf vier Stellen genau angegeben.

Für das Panini-EM-Album von 2012 ergibt sich somit:

$$\text{Stickerzahl} = 540 \times (\ln(540) + 0{,}5772)$$

$$\text{Stickerzahl} = 540 \times (6{,}2916 + 0{,}5772)$$

$$\text{Stickerzahl} = 3709{,}64\dots$$

Wenn wir ein Panini-Album also füllen und dabei doppelte oder mehrfache Sticker nicht mit anderen Sammlern tauschen wollen, müssen wir durchschnittlich 3710 Aufkleber kaufen. Das sind genau 742 Tütchen mit je 5 Stickern und würde uns 445,20 Euro kosten. Ein stolzer Preis!

Das folgende Diagramm verdeutlicht, wie gut wir anfangs beim Sammeln vorankommen und wie die Zahl der zu kaufenden Aufkleber ganz am Ende regelrecht explodiert. Die waagerechte x-Achse zeigt die Zahl der gekauften Sticker. Auf der senkrechten y-Achse sehen wir, wie viele verschiedene Motive wir dann durchschnittlich schon haben dürften. Bei 500 Aufklebern sind es etwa 320, bei 1000 rund 450 und erst bei 3710 Stickern haben wir unser Album mit 540 verschiedenen Motiven gefüllt. Bedenken Sie: Dies sind Mittelwerte, ein Album kann sich schneller füllen, aber auch langsamer.

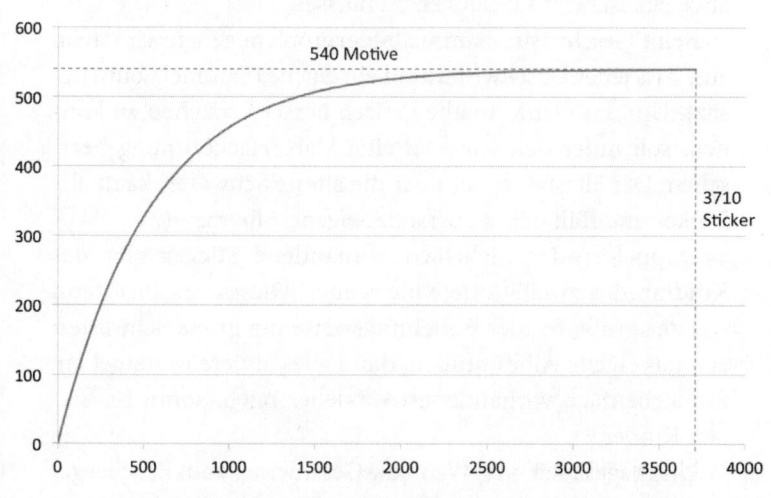

Sammlerkurve: Erst wer 3710 Sticker kauft (x-Achse),
darf mit allen 540 Motiven (y-Achse) rechnen

Bei 3710 gekauften Aufklebern sind logischerweise viele doppelt, dreifach, vierfach. Da es 540 verschiedene Motive gibt, haben wir jedes dieser Motive im Schnitt 6,9-mal.

Bei dieser Vielzahl mehrfacher Sticker liegt die Idee nah: Warum sammeln nicht von vornherein mehrere Personen gemeinsam und geben doppelte Sticker stets an andere Sammler aus ihrer Gruppe weiter? Und wie voll bekommen mehrere Sammler ihre Alben, wenn sie die 3710 Sticker untereinander aufteilen? Das auszurechnen, ist nicht so einfach.

Unter Brüdern und Schwestern

Das führt uns zum sogenannten Geschwister-Sammelbilderproblem – und ganz nebenbei auch zu einer Strategie, mit der man ein Album für wenig Geld vollbekommt, ohne diverse Stickertauschtreffs besuchen zu müssen.

Beim Geschwister-Sammelbilderproblem gehen wir davon aus, dass jedes Geschwisterkind ein eigenes Sammelalbum besitzt. Um das Ganze mathematisch besser verstehen zu können, soll unter den Kindern eine klare Hackordnung herrschen: Der älteste Bruder oder die älteste Schwester kauft alle Sticker und füllt damit zuerst das eigene Album.

Doppelte oder mehrfach vorhandene Sticker gibt das Kind an das zweitälteste Kind weiter. Dieses verfährt dann wie der große Bruder beziehungsweise die große Schwester: erst das eigene Album füllen, dann alles andere weitergeben. Ein siebenfach vorhandener Aufkleber reicht somit für sieben Kinder.

Die Frage lautet nun: Wenn die Geschwister zum Beispiel gemeinsam 1000 Sticker kaufen, wie viele davon sind dann doppelt, dreifach, vierfach und so weiter? Mathematisch gesehen ist das deutlich anspruchsvoller als die eben hergeleitete Sammelbilderformel. Doch Mathematiker wären keine Mathematiker, wenn sie dieses Problem nicht längst untersucht und gelöst hätten – mit der sogenannten Foata-Han-Lass-Formel.

Sammlerpech: doppelte Aufkleber

Es würde den Rahmen dieses Kapitels sprengen, diese Formel hier herzuleiten. Uns interessiert ja vor allem das Ergebnis.

Ich habe daher Doron Zeilberger von der Rutgers University in New Jersey kontaktiert, den ich als Autor eines wissenschaftlichen Aufsatzes über diese Formel kenne. Ich erklärte ihm kurz das Problem mit dem Panini-Album der EM 2012, und Zeilberger war so freundlich, ein paar Zahlen für mich zu ermitteln. Er hat das übrigens nicht mit dem Taschenrechner gemacht, das wäre wohl auch kaum gegangen, sondern mit der Spezialsoftware Maple.

Mit diesem Programm hat er berechnet, wie viele Sticker wie oft auftauchen, wenn ein Fußball-Fan genau 3710 Aufkleber gekauft hat. Das ist exakt jene vorhin berechnete Motivzahl, die im Mittel zum Füllen eines Albums ausreicht.

Die Zahlen haben mich überrascht! Zunächst dachte ich,

dass ein Sammler bei 3710 gekauften Stickern, von denen es 540 verschiedene gibt, jeden Aufkleber genau 3710/540 = 6,9 Mal hat. Doch das stimmt nicht. Sieben Motive sind nur ein einziges Mal vertreten, diese Motive sind weder doppelt noch mehrfach da. Das älteste Geschwisterkind klebt sie in sein Album – allen anderen Kindern fehlen diese sieben Motive dann.

Andererseits gibt es zwei Motive gleich 16-fach und eins sogar 17-fach. Auch hier der Hinweis: Dies sind Mittelwerte, wenn Sie 3710 Sticker kaufen, kann die Verteilung durchaus anders aussehen.

Das folgende Diagramm zeigt, wie viele Motive durchschnittlich in welcher Häufigkeit vorhanden sind (auf ganze Zahlen gerundet, 3710 Sticker gekauft):

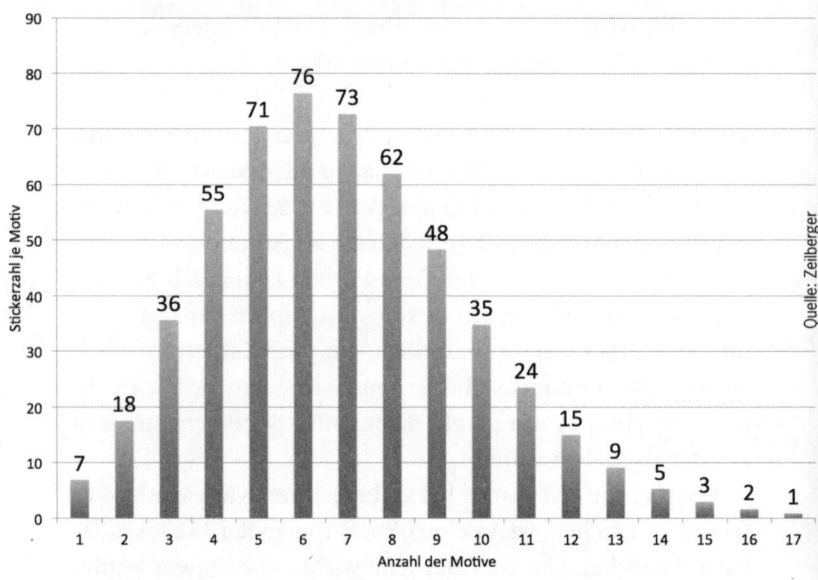

Sammlerpech: 7 Motive sind nur einmal vorhanden (Säule ganz links),
1 Motiv ist hingegen gleich 17 Mal da (Säule ganz rechts)

Wenn bei unserem Beispiel zwei Geschwister gemeinsam sammelten, würden dem jüngeren Kind noch sieben Motive fehlen, weil diese in der Sammlung nur einmal vorhanden sind und schon im Album des großen Kindes kleben. Abgesehen von diesen fehlenden sieben Aufklebern hätten beide Kinder ihre Alben voll. Alle übrigen Motive sind schließlich doppelt, dreifach oder noch öfter da.

Sammeln drei Geschwister gemeinsam, fehlen dem zweitältesten Kind weiterhin sieben Motive, dem drittältesten aber schon $7 + 18 = 25$. Das entspricht genau der Zahl der Motive, die nur einfach oder doppelt vorhanden sind.

Nach diesem Schema können wir leicht die Zahl der fehlenden Sticker ausrechnen. Wenn fünf Geschwister gemeinsam sammeln, fehlen dem jüngsten Kind alle 55 Motive, die nur vierfach da sind. Von den Dreifachen benötigen die Geschwister noch zwei Sätze, macht $36 \times 2 = 72$, von den Zweifachen drei, also $18 \times 3 = 54$ und von den nur einfach Vorhandenen vier Sätze, das sind $7 \times 4 = 28$. Insgesamt kommt man so auf $55 + 72 + 54 + 28 = 209$ Sticker, die den vier jüngeren Geschwistern fehlen, um ihre Alben zu füllen.

Die Kinder könnten versuchen, mit anderen Kindern zu tauschen, um an die noch fehlenden Sticker zu kommen. Schließlich haben sie noch Hunderte Aufkleber übrig, die keiner von ihnen mehr braucht.

Album voll für unter 100 Euro

Panini, der Hersteller der Fußballsammelbilder, bietet aber auch an, fehlende Sticker nachzubestellen. Das kostet natürlich Geld, ist aber immer noch deutlich günstiger, als auf gut Glück weiter Tüten zu kaufen. Panini erlaubt pro Person das

Nachordern von 50 verschiedenen Bildern. Für diese werden dann pro Stück nicht 12 Cent, sondern 18 Cent plus einmalig 3,00 Euro Versandkosten fällig – macht für 50 Stück insgesamt 12 Euro (alle Preisangaben von 2012). Bei 209 fehlenden Stickern müssen also 4 mal 50 Stück und dann noch mal 9 Stück bestellt werden, was inklusive Porto 52,62 Euro kostet.

Vorher haben die fünf Geschwister bereits 3710 Bilder für 445,20 Euro gekauft. Insgesamt bezahlen sie deshalb 498 Euro für fünf vollständig gefüllte Alben und somit pro Person knapp hundert Euro.

Die Geschwister müssen übrigens nicht nach einer strengen Hackordnung vorgehen, bei der das älteste Kind alle gekauften Sticker zuerst bekommt, sein Album füllt und nur Doppelte und Mehrfache weitergibt. Stattdessen kann jeder der fünf Sammler ein Fünftel der insgesamt 3710 Sticker kaufen – also 742 – und sein Album damit füllen. Alle Doppelten und Mehrfachen kommen dann in einen gemeinsamen Pool, aus dem sich jeder bedienen kann. Mathematisch gesehen macht es nämlich keinen Unterschied, ob eine Person 3710 Aufkleber oder fünf Personen jeweils 742 kaufen.

Das gemeinsame Sammeln und Nachbestellen hat vielleicht nicht ganz den Zauber des hundertfachen Tütenöffnens – aber es spart auf jeden Fall eine Menge Geld.

Trickst Panini?

All die Überlegungen und Berechnungen stimmen natürlich nur unter der Voraussetzung, dass Panini die Aufkleber gleich verteilt in die Tüten steckt. Von Sammlern kommt aber immer wieder der Einwand, dass einzelne Teams oder Spieler häufiger auftauchen als andere. Das würde das Geschäft sicher ankurbeln. Aber hat Panini das nötig? Wir haben ja beim Geschwisterproblem gesehen, wie viele Aufkleber man 13-fach, 14-fach und sogar 16-fach hat, obwohl man intuitiv erwarten würde, dass jeder Sticker knapp siebenmal vorhanden ist.

Nach den Stichproben, die ich kenne, gehe ich davon aus, dass die Sticker in der Tat gleich verteilt sind. Ich habe vor der EM 2012 Leser von SPIEGEL ONLINE gebeten, die Anzahl ausgewählter Sticker in ein Formular einzutippen. Als Stichprobe hatte ich damals alle ersten Torleute der 16 Teams und die komplette deutsche Mannschaft gewählt. Die Leser sollten angeben, wie oft sie die ausgewählten Sticker besaßen.

266 Sammler machten mit bei der Umfrage. Ich musste allerdings 51 Datensätze aussortieren, weil sie entweder keine oder offensichtlich falsche Eingaben enthielten. Letztendlich kamen dann 215 Datensätze mit insgesamt 9527 Stickern in die Auswertung.

Auf den ersten Blick wirkten die Zahlen eher unauffällig. Beispiel Torhüter: Alle 16 Teams waren vertreten, die Menge je Motiv schwankte zwischen 200 und 300. Die Motive waren zwar nicht gleich verteilt, aber extreme Unterschiede traten nicht auf. An der Spitze mit knapp über 300 Stück lagen Gianluigi Buffon (Italien) und Petr Čech (Tschechien), mit etwas mehr als 200 Stickern waren die Keeper der Niederlande, Portugals und der Ukraine am seltensten.

Am häufigsten, nämlich 334-mal, tauchte übrigens das Bild mit der Nummer 231 auf – der deutsche Kapitän Philipp Lahm. Im Verhältnis zum Mittelwert 251 über alle abgefragten Sticker ein Plus von immerhin 33 Prozent. Das mit 178 Stück seltenste Motiv (minus 29 Prozent) stammte ebenfalls aus der deutschen Mannschaft. Es war das Bild 249, das

Manuel Neuer in Aktion zeigt. Von Neuer gab es noch ein zweites Bild (Nr. 229) – das klassische Porträt, das 273-mal vorkam und damit etwas häufiger als erwartet.

Was bedeuten diese Zahlen? Steckte Lahm vielleicht öfter in den Tüten, weil der Kapitän besonders beliebt ist? Oder sind die beobachteten Schwankungen normal?

Was verrät die Statistik?

Es gibt aus der Statistik eine Methode, mit der man prüfen kann, wie gut die Zahlen aus einer Stichprobe zu einer Gleichverteilung passen. Sie heißt Chi-Quadrat-Anpassungstest. Dabei schaut man, vereinfacht gesagt, wie stark die Einzelwerte vom Mittelwert abweichen. Diese Abweichungen werden addiert und mit Werten aus einer Tabelle verglichen.

Das Ergebnis des Chi-Quadrat-Tests war eindeutig: Die Schwankungen der Stickerzahlen waren etwas zu groß, als dass sie mit einer Gleichverteilung zu erklären waren. Ich würde dieses Ergebnis aber nicht als Beleg dafür nehmen, dass Panini trickst. Dafür ist die Zahlenbasis zu klein und zudem zu unsicher. Schließlich handelt es sich um eine Umfrage im Internet, bei der man die Teilnehmer nicht überprüfen kann.

Nachdem ich über die Stickerstatistik bei SPIEGEL ONLINE berichtet hatte, kontaktierten mich mehrere Sammler, die Tauschplattformen nutzen, etwa stickermanager.com oder auch auf Facebook. Dort tippen Leute für jeden der 540 Aufkleber ein, ob und wie oft sie ihn haben. Die Datenbasis, vor allem bei stickermanager.com, sollte prinzipiell sehr gut sein, schließlich beteiligen sich dort Tausende.

Aber trotzdem traue ich den Statistiken von stickermanager.com nicht so recht über den Weg. Die Webseite berechnet eine Rangliste der »beliebtesten und wertvollsten Sticker«, wie es heißt. Als beliebt und wertvoll gelten die Aufkleber, die am meisten nachgefragt werden. Ein Blick in die Rangliste zeigt, dass die Sammler vor allem jene Sticker suchen, die silbern bedruckt sind, beispielsweise mit Maskottchen der Teams oder ihren Wappen.

Glaubt man dieser Rangliste, dann sind all diese Silberaufkleber deutlich seltener als normale Fußballerporträts. Das passt aber nicht zu meinen eigenen Erfahrungen beim Sammeln – die Wappen und Maskottchen waren dort gut vertreten. Auch Zahlen von einer Facebook-Seite, die auf insgesamt rund 4000 gekauften Stickern beruhen, standen im Widerspruch zur Stickermanager-Rangliste. Bei den Facebook-Sammlern waren Silbermotive keinesfalls auffällig selten.

Zugegeben: Meine Daten und jene auf Facebook beruhen nur auf vergleichsweise wenigen Stickern. Aber ich glaube, dass die Silbermotive unter anderem deshalb bei stickermanager.com so gefragt sind, weil vor allem Kinder sie lieben und auch zum Tauschen nicht hergeben wollen, selbst wenn sie den Sticker doppelt oder dreifach haben. Das ist freilich nur eine Hypothese, beweisen könnte man es erst mit einer umfangreichen Statistik über Hunderte, Tausende Sammler.

Ich freue mich auf jeden Fall schon auf die nächsten Welt- und Europameisterschaften! Vielleicht gelingt mir dann endlich auch eine belastbare Statistik über die Aufkleber – womöglich in Zusammenarbeit mit Tauschplattformen im Internet.

Und falls Sie selbst das Sammelfieber packt: Sie wissen nun, warum vor allem bei größeren Stickermengen so viele Motive doppelt und dreifach sind und trotzdem immer noch einige fehlen. Es liegt nicht zwingend an den Herstellern der Aufkleber, die bestimmte Motive seltener drucken, wie viele glauben. Die Mathematik, genauer gesagt, die Kombinatorik, sorgt dafür, dass die Sammelbilder scheinbar ungleich verteilt sind. Wer das Prinzip verstanden hat, muss für das Füllen seines Sammelalbums kein Vermögen mehr ausgeben.

Aufgaben

Aufgabe 36 *
In acht Kisten befindet sich die jeweils gleiche Menge Schrauben. Aus jeder Kiste werden 30 Schrauben entnommen. Danach sind in den acht Kisten noch genauso viele Schrauben wie anfangs in zwei Kisten. Wie viele Schrauben waren ursprünglich in einer Kiste?

Aufgabe 37 * *
Welchen Rest lässt das Quadrat 303030303^2 beim Teilen durch 303030302?

Aufgabe 38 * * *
In der Ebene sind zwei Punkte A und B gegeben. Können Sie allein mit einem Zirkel einen Punkt C konstruieren, der auf der Geraden liegt, die A und B verbindet?

Aufgabe 39 * * *
Bei diesem Würfelspiel gelten andere Regeln: Fällt eine gerade Augenzahl, wird diese Zahl dem eigenen Konto gutgeschrieben. Bei ungerader Augenzahl werden die Punkte abgezogen. Ein Spieler würfelt fünfmal hintereinander, zwei Augenzahlen sind identisch, alle anderen voneinander verschieden. Schließlich heben sich Plus- und Minuspunkte genau auf. Welche Augenzahlen hat er gewürfelt?

Aufgabe 40 * * * *

5 verfeindete Mafiosi treffen sich um Mitternacht auf einem düsteren Platz, um die Waffen sprechen zu lassen. Sie stehen alle unterschiedlich weit voneinander entfernt. Jeder hat genau einen Schuss im Revolver und schießt Punkt null Uhr auf seinen nächsten Nachbarn und trifft ihn tödlich. Zeigen Sie, dass mindestens einer der Gangster überlebt!

Bezaubernd:
Hexereien mit Würfeln,
Karten und Papier

Mit Zahlen zaubern – das können Sie bereits. In diesem Kapitel erweitern wir Ihr Repertoire als Mathemagier um verblüffende Spielereien mit Würfeln, Papierbändern, Spielkarten, Geldscheinen und Dominosteinen.

Mit dem Möbiusband habe ich schon Kita-Kinder zum Staunen gebracht. Sie kennen es sicher und haben es vielleicht auch schon selbst gebastelt: Sie nehmen einen längeren Papierstreifen und führen die Enden zusammen. Vorm Zusammenkleben drehen Sie jedoch ein Ende um 180 Grad – und ein Gebilde mit faszinierenden Eigenschaften entsteht.

Das Möbiusband hat weder innen noch außen. Innen ist zugleich außen. Das merken Sie, wenn Sie einen Finger auf die Innenseite legen und damit dem Streifen in eine Richtung folgen. Nach einer Runde sind Sie plötzlich auf der anderen Seite gelandet. Das Möbiusband, hergestellt aus einem schlichten Streifen Papier, führt uns in eine paradoxe Welt!

Wir wollen das Möbiusband nun für einen Zaubertrick benutzen. Um den Effekt noch zu vergrößern, basteln wir uns aus drei langen Papierstreifen drei verschiedene geschlossene Bänder. Beim ersten verdrehen wir kein Ende beim Zusammenkleben, was entsteht, sieht aus wie ein Ring. Das zweite Band kleben wir zu einem Möbiusband zusammen. Wir verdrehen also eines der Enden um 180 Grad. Beim dritten Band drehen wir ein Ende vorm Zusammenkleben eine ganze Runde, um 360 Grad.

Möbiusband: weder Innen noch Außen

Je länger und schmaler die Streifen sind, umso leichter lassen sich die drei geschlossenen Bänder herstellen. Nun beginnt der eigentliche Trick. Sie schneiden jedes der drei Bänder entlang der gedachten Mittellinie längs des Streifens auseinander. Das Foto oben zeigt diese Linie, an der entlang Sie schneiden müssen. Auf dem Foto rechts sehen Sie ein halb zerschnittenes Möbiusband.

Bevor Sie die Schere ansetzen: Was, glauben Sie, wird passieren? Mein erster Gedanke war: Wenn ich ein Band in der Mitte auseinanderschneide, erhalte ich zwei separate Bänder. Wir werden gleich sehen, dass das aber nur auf eines der drei Bänder zutrifft.

Beim Ring mit den unverdrehten Enden geschieht, womit zu rechnen war. Es zerfällt nach dem Auseinanderschneiden in zwei separate Ringe gleicher Länge. Das mit einer ganzen 360-Grad-Drehung verdrehte Band liefert die erste Überraschung: Nach dem Auseinanderschneiden haben wir zwei identische und verdrehte Ringe, die ineinander verschlungen sind.

214

Zauberei: Möbiusband entlang der Mittellinie zerschneiden

Beim Möbiusband wird's noch kurioser. Nach dem Zerschneiden hält man ein einzelnes, geschlossenes Band in den Händen, das doppelt so lang ist wie das Ausgangsband und ebenfalls verdreht. Es handelt sich jedoch nicht mehr um ein klassisches Möbiusband. Denn die Enden des Bandes sind nicht nur um eine halbe Runde verdreht, sondern gleich um zwei ganze Runden.

Je länger die verwendeten Bänder sind, umso besser funktioniert der Zaubertrick mit den drei verschiedenen Ringen. Bei sehr langen Stoffstreifen kann man ein Möbiusband nämlich kaum von einem Band unterscheiden, dessen Enden eine ganze Runde verdreht sind. Selbst das unverdrehte Band ist, wenn man es in sich verdreht hinlegt oder aufhängt, kaum als solches zu erkennen. Man zerschneidet dann drei scheinbar gleich aussehende Bänder – und das Ergebnis ist jedes Mal ein anderes.

Das Möbiusband erlaubt sogar noch eine weitere Spielerei mit der Schere. Wenn Sie es, statt zu halbieren, in Längsrichtung dritteln, zerfällt es in zwei ineinander verschlungene Bänder gleicher Breite. Eines ist jedoch doppelt so lang. Das kürzere Band ist ein klassisches Möbiusband, das längere ein zweifach verdrehtes Band. Probieren Sie es am besten gleich selbst aus!

Würfel-Magie

Im Grunde sind alle Dinge, auf denen Zahlen stehen, für mathematische Tricks geeignet. Das können Dominosteine sein, Spielkarten, Würfel oder Geldscheine. Ein Trick kann allein auf Mathematik beruhen, was trotzdem oft schwer zu durchschauen ist. Sie werden später aber noch einen Kartentrick kennenlernen, der das Zauberhandwerk, also Fingerfertigkeit, mit Mathematik verbindet.

Beginnen wir mit Würfeln. Sie sind bekanntlich mit den Augenzahlen von 1 bis 6 versehen, die Summe der Augenzahlen eines Würfels ist daher 21 ($1 + 6 + 2 + 5 + 3 + 4$). Ich habe die sechs Zahlen eben in drei Zweiergruppen zerlegt, die jeweils zusammen 7 ergeben, damit ich die Summe leichter berechnen kann.

Erstaunlicherweise waren Würfel schon in der Antike nach diesem Prinzip gestaltet – und sind es bis heute. Der 1 gegenüber liegt die 6, der 2 gegenüber die 5, und gegenüber der 3 befindet sich die 4. Die Augensumme zweier gegenüberliegender Seiten ist also immer 7. Offenbar schätzten die Erfinder des Würfels ein möglichst einfaches, symmetrisches Spielgerät.

Zwei Würfeltürme

Die ersten Würfeltricks, die ich Ihnen hier vorstellen möchte, nutzen dieses Prinzip der Augensumme 7 in verschiedenen Varianten. Bitten Sie Ihren Spielpartner, aus drei Würfeln einen Turm zu bauen. Sie drehen sich dabei weg und halten sich die Augen zu. Bitten Sie Ihren Partner dann, die Augenzahl aller am Turm sichtbaren Würfelaußenseiten zu addieren, die Summe aber noch für sich zu behalten.

Würfelturm: Augensumme auf einen Blick

Dann fragen Sie, welche Augenzahl auf der Oberseite des obersten Würfels zu sehen ist. Nehmen wir an, es ist wie auf dem Foto oben eine 5. Die übrigen sichtbaren Augenzahlen brauchen Sie nicht zu kennen, denn es handelt sich 6 Mal um gegenüberliegende Würfelseiten mit der Augensumme 7. Also rechnen Sie $6 \times 7 + 5 = 47$. Wenn Sie das Ganze noch rätselhafter erscheinen lassen wollen, nennen Sie das Ergebnis noch nicht gleich, sondern tun so, als würden Sie die Würfel im Geiste drehen und die Augenzahlen addieren. »Wenn da eine 5 ist, dann muss dort …«

In einer anderen Variante bitten Sie Ihren Partner wieder, einen Turm aus drei Würfeln zu errichten. Sie schauen dabei kurz hin, um die Augenzahl des obersten Würfels zu erspähen. Nehmen wir an, es ist eine 3. Dann drehen Sie sich um und bitten Ihr Gegenüber, die Augenzahlen der fünf nicht sichtbaren Seiten der drei Würfel zu addieren. Das sind die Unterseite des obersten Würfels und die Ober- und Unterseiten der beiden Würfel darunter. Um die Augenzahlen zu ermitteln, muss Ihr Gegenüber die Würfel kurz anheben. Sie rechnen derweil $7 \times 3 - 3 = 18$ und nennen das Ergebnis.

Noch raffinierter wird es, wenn Sie den Zuschauer würfeln lassen und dann die Augensumme erraten. Sie geben dem Zuschauer drei Würfel und drehen sich um. Er wirft die drei Würfel, beispielsweise 1, 3 und 6, und addiert: $1 + 3 + 6 = 10$. Dann bitten Sie ihn, einen der drei Würfel auszusuchen, die Augenzahl auf der Unterseite zur Summe hinzuzurechnen und den Würfel noch einmal zu werfen.

Nehmen wir an, er wählt die 6. Auf der gegenüberliegenden Seite befindet sich die 1. Diese Augenzahl wird zur bisherigen Summe addiert ($10 + 1 = 11$) – und dann wird dieser Würfel noch mal geworfen. Beispielsweise fällt eine 2. Die wird ebenfalls zur bisherigen Summe addiert – das ergibt $11 + 2 = 13$. Diese Zahl soll sich der Zuschauer merken.

Nun drehen Sie sich um und werfen einen kurzen Blick auf die drei Würfel. Sie können nicht wissen, welchen der drei Würfel der Zuschauer zweimal geworfen hat. Aber trotzdem kennen Sie die Gesamtsumme: Sie rechnen die sichtbare Augenzahl der drei Würfel zusammen, also $1 + 3 + 2 = 6$ und addieren 7 hinzu. Die 7 stammt von dem Würfel, der ein zweites Mal geworfen wurde. Sie haben den Zuschauer ja gebeten, vorher sowohl seine Augenzahl als auch die von seiner Unterseite zu addieren – und diese beiden Zahlen ergeben zusammen 7.

Augenzahl erraten

Das letzte Würfelkunststück, das ich Ihnen vorstellen möchte, ist im Kern eigentlich ein Zahlentrick. Sie drehen dem Zuschauer den Rücken zu und lassen ihn drei Würfel werfen. Der Zuschauer kann die Würfel dann in einer beliebigen Reihenfolge nebeneinanderlegen und muss folgende Berechnungen ausführen.

1. Multiplizieren Sie die Augenzahl des ersten Würfels mit 2.
2. Addieren Sie 5 und nehmen Sie das Ergebnis mal 5.
3. Addieren Sie dazu die Augenzahl des zweiten Würfels und multiplizieren Sie das Ergebnis mit 10.
4. Addieren Sie die Augenzahl des dritten Würfels.

Lassen Sie sich dann das Endergebnis sagen. Von der Zahl ziehen Sie 250 ab. Sie erhalten eine dreistellige Zahl, deren Ziffern genau den drei Augenzahlen entsprechen.

Das Prinzip versteht man schnell, wenn man die Rechnung mit den Augenzahlen a, b, c ausführt ($1 \leq a,b,c \leq 6$).

$$Endergebnis = ((2a+5) \times 5 + b) \times 10 + c$$
$$= (10a+b+25) \times 10 + c$$
$$= 100a+10b+c+250$$

Das Verwirrende für den Zuschauer ist, dass im Endergebnis nur die dritte Augenzahl c auftaucht – an der Einerstelle. a und b stecken zwar in der Zehner- und der Hunderterstelle, sind aber durch die zusätzlich addierten 250 verschleiert. Ein wunderschöner Trick, wie ich finde!

Verrückte Dominokette

Ein Dominospiel besteht aus 28 verschiedenen Steinen. Ein vollständiger Satz lässt sich stets zu einer geschlossenen Kette zusammenlegen, sodass zwei benachbarte Steine dort, wo sie aneinanderstoßen, dieselbe Augenzahl haben. Das werden wir bei der folgenden Zauberei ausnutzen. Sie nehmen den vollständigen Satz von 28 Steinen und lassen einen davon unauffällig in Ihrer Hosentasche verschwinden. Achten Sie darauf, dass er nicht mit identischen Augenzahlen bedruckt ist, wie 3 – 3, sondern dass beide Seiten ungleich sind. Zum Beispiel 2 – 4.

Domino: Tricks mit 28 Steinen

Geben Sie Ihrem Mitspieler nun die verbliebenen 27 Steine und bitten Sie ihn, aus allen Steinen eine Kette zu bauen, bei der jeweils gleiche Zahlenwerte aneinandergelegt sind – so, wie beim Domino üblich. Die beiden Ziffern 2 und 4 des stibitzten Steines schreiben Sie auf einen Zettel und legen ihn verkehrt herum auf den Tisch, sodass man die Zahlen nicht lesen kann.

Ihr Mitspieler müsste nach ein paar Minuten fertig sein mit seiner Kette – und diese endet auf der einen Seite mit 2 und auf der anderen Seite mit 4. Sie drehen den Zettel um – und Simsalabim – dort stehen genau diese beiden Zahlen. Sie können den Trick wiederholen, sollten den entwendeten Stein aber unauffällig gegen einen anderen tauschen, damit die Kette nicht identisch endet.

Der Trick ist gut zu verstehen: Mit einem vollständigen Satz Dominosteine können Sie stets eine zu einem Ring geschlossene Kette legen. Fehlt ein Stein, der zwei unterschiedliche Augenzahlen besitzt, lässt sich die Kette nicht mehr schließen. Die Kette endet dann genau mit den beiden Augenzahlen, die sich auf dem fehlenden Stein befinden.

Das ändert sich auch nicht, wenn Sie die Kette aus den 27 verbliebenen Steinen völlig neu aufbauen. Sieht man von den mit identischen Augenzahlen bedruckten Steinen wie 1 – 1 oder 3 – 3 ab, ist jede Augenzahl auf 6 verschiedenen Steinen vertreten. Wenn ein Stein fehlt, etwa 2 – 4, existieren nur 5 Steine mit einer 2 und auch nur 5 mit einer 4 darauf. Beim Bilden der Kette legt man 2 Dominosteine mit identischer Augenzahl aneinander. Wenn es aber statt 6 nur 5 von einer Augenzahl gibt, findet man beim 5. Stein keinen Stein zum Anlegen mehr – in unserem Fall bei der 2 und bei der 4. Die beiden Augenzahlen markieren daher die Enden der Kette.

Steine verschieben

Der zweite Trick mit Dominosteinen beruht auf simplem Abzählen. Sie können ihn etwas angepasst auch mit Spielkarten durchführen. Sie nehmen 13 Dominosteine, wobei die Summe der Augen genau die Zahlen von 1 bis 13 ergeben muss: zum Beispiel 0–1, 0–2, 0–3, 0–4, 0–5, 0–6, 1–6, 2–6, 3–6, 4–6, 5–6, 6–6 und 0–0. Weil die höchste Augenzahl 6 + 6 ist, zählt der komplett blanke Stein als 13.

Diese 13 Steine legen Sie in Längsrichtung nebeneinander auf den Tisch, sodass sie eine Schlange bilden. Ganz links liegt die 1, dann die 2, ganz rechts die 13. Dann drehen Sie alle 13 Steine um, sodass man die Augenzahl nicht mehr sehen kann. Bei diesen Vorbereitungen sollte Ihnen am besten niemand zuschauen.

Nun kann es losgehen: Sie bitten einen Zuschauer zu sich und zeigen ihm, was er mit den Steinen machen soll. Vom linken Ende der Schlange schiebt er einzeln beliebig viele, höchstens aber zwölf Steine ans rechte Ende der Schlange. Sie demonstrieren ihm das auch und nehmen den ersten Stein links – die 1 – und platzieren ihn ans rechte Ende. Dann kommt die 2 dran, dann die 3, wenn Sie mögen, auch noch die 4. Sie merken sich, welcher Stein nun in der Kette ganz links liegt – es ist die 5.

Dann drehen Sie sich um und bitten den Zuschauer, Steine einzeln zu verschieben. Wenn er fertig ist, zählen Sie vom rechten Ende der Schlange 5 Steine ab und drehen diesen um. Seine Augenzahl verrät Ihnen, wie viele Steine der Zuschauer verschoben hat.

Wie funktioniert das Ganze? Nehmen wir an, die Steine liegen nach dem zur Demonstration vorgeführten Verschieben in der Reihenfolge.

$$n \quad n+1 \quad n+2 \quad ... \quad 13 \quad 1 \quad 2 \quad ... \quad n-1$$

Das bedeutet: Sie haben $n-1$ Steine verschoben, ganz links liegt Stein n. Wenn der Zuschauer nur einen einzigen Stein verschiebt, ergibt sich folgende Konstellation:

$$n+1 \quad n+2 \quad ... \quad 13 \quad 1 \quad 2 \quad ... \quad n-1 \quad n$$

Sie kommen zum Tisch zurück, zählen n ab und landen beim Stein 1. Stimmt genau.

Wenn der Zuschauer zwei Steine verschiebt, landen Sie beim Zählen einen Stein weiter rechts bei der 2, bei 3 Steinen bei der 3 und so weiter. Allzu oft können Sie das Kunststück sicher nicht wiederholen, aber Eindruck macht es schon.

Seriennummer eines 50-Euro-Scheins erraten

Mit Geld arbeiten Magier besonders gern. Was gibt es Schöneres, als seinen Zuschauern Scheine aus den Ohren zu ziehen? Mit dem folgenden Trick erraten Sie die Seriennummer einer Euro-Note. Es können 50 Euro sein, aber auch 20 oder 10. Die Seriennummer besteht in jedem Fall aus einem Buchstaben und 11 Ziffern. Sie werden die 11 Ziffern »erraten«, nachdem der Zuschauer ein paar Berechnungen damit angestellt und Ihnen deren Ergebnis genannt hat.

Nehmen wir an, unser 50-Euro-Schein hat die Seriennummer X67925117396. Der Zuschauer behält diese natürlich für sich. Sie bitten ihn aber, den Buchstaben wegzulassen und nur mit den 11 Ziffern zu rechnen. Zuerst soll er sämtliche Zweierquersummen berechnen und hintereinander nennen – und zum Schluss noch die Summe aus erster und letzter Ziffer:

Ziffer 1 + Ziffer 2, Ziffer 2 + Ziffer 3, Ziffer 3 + Ziffer 4, ... Ziffer 9 + Ziffer 10, Ziffer 10 + Ziffer 11, Ziffer 1 + Ziffer 11

Sie notieren sich, was er sagt. In unserem konkreten Beispiel mit der Seriennummer 67925117396 stehen folgende Zahlen auf Ihrem Zettel:

13 16 11 7 6 2 8 10 12 15 12

Nun berechnen Sie die alternierende Summe dieser 11 Zahlen, also

$13-16+11-7+6-2+8-10+12-15+12$

Sie können auch schreiben:

$(13+11+6+8+12+12)-(16+7+2+0+15)=62-50=12$

Diese Zahl teilen Sie durch 2 – das Ergebnis 6 entspricht genau der ersten Ziffer der Seriennummer. Die zweite Ziffer erhalten Sie, wenn Sie die erste Ziffer 6 von der ersten Zweierquersumme 13 abziehen: $13-6=7$. Bei den folgenden Ziffern gehen Sie genauso vor und können dem Zuschauer alle 11 Ziffern nennen. Er wird so schnell nicht verstehen, wie Sie das angestellt haben.

Zur Erklärung des Kunststücks nutzen wir 11 Variablen von a_1 bis a_{11}, die genau den 11 Ziffern des Geldscheins entsprechen. Wir rechnen:

$$a_1 + a_2 + a_3 + a_4 + a_5 + a_6 + a_7 + a_8 + a_9 + a_{10} +$$
$$a_1 + a_{11} - (a_2 + a_3 + a_4 + a_5 + a_6 + a_7 + a_8 + a_9 + a_{10} + a_{11}) = 2a_1$$

Das Ergebnis $2a_1$ ist genau das Doppelte der ersten Ziffer der Seriennummer. Wenn wir a_1 kennen, können wir aus der bekannten Zweierquersumme $a_1 + a_2$ sofort a_2 berechnen und so auch alle folgenden Ziffern.

Das Geheimnis der Münzen

Mathematisch zaubern kann man nicht nur mit Geldscheinen, sondern auch mit Münzen. Für den folgenden, sehr einfachen Trick benötigen Sie eine größere Anzahl Münzen, idealerweise 20 bis 30 Stück. Diese legen Sie so auf den Tisch, dass eine 9 entsteht. Der Abstand von Münze zu Münze sollte im Kreis (im oberen Teil der 9) und im geschwungenen Bogen darunter etwa gleich groß sein.

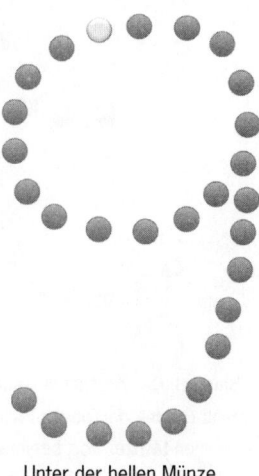

Unter der hellen Münze liegt das Papier

Sie lassen Ihr Gegenüber eine Zahl wählen, die größer ist als die Menge der Münzen im geschwungenen Bogen der 9. In unserem Fall liegen dort 11 Münzen. Sie erklären dem Zuschauer kurz, wie er zählen soll, drehen sich während des Zählens aber um. Er beginnt beim Ende des Bogens ganz links unten und zählt von dort Münze für Münze nach rechts oben. Wenn er den Kreis der 9 erreicht, zählt er weiter entgegen dem Uhrzeigersinn bis zur ausgedachten Zahl.

Dort ist aber noch nicht Schluss. Der Zuschauer zählt nun noch einmal die gleiche Zahl Münzen ab, beginnend bei der Münze, bei der er eben angekommen ist. Er zählt nun aber im Uhrzeigersinn und bleibt zudem ausschließlich im Kreis der 9. Unter die Münze, bei der er schließlich ankommt, legt er einen kleinen Papierschnipsel.

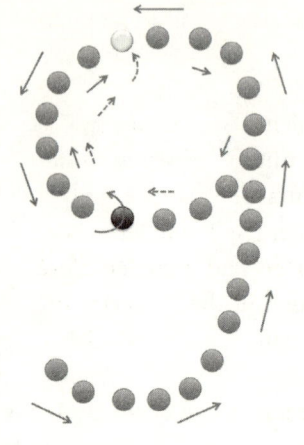

Dann drehen Sie sich um und heben die im Bild oben heller gezeichnete Münze hoch – darunter liegt nämlich der Papierschnipsel. Egal, welche Zahl sich der Zuschauer ausgedacht hat, er wird immer genau an dieser Münze herauskommen. Das hat einen einfachen Grund: Wenn er beim Rückwärtszählen im Kreis an die Stelle kommt, wo der Bogen der 9 abzweigt, muss er noch genauso weit zählen wie bis zum Ende des Bogens.

Beispiel: Der Zuschauer wählt 25 und zählt entlang der langen Pfeile bis zur dunklen Münze. Dort beginnend zählt er noch mal bis 25 entlang der kleinen Pfeile bis zur hellen Münze.

Weil wir die Anzahl der Münzen im Bogen kennen – in dem Bild oben sind es 11 –, wissen wir auch, wo der Zuschauer beim Weiterzählen im Kreis herauskommen wird: bei der 11. Münze ab dem Abzweig des Bogens. Diese Münze ist in der Zeichnung heller gezeichnet, damit Sie sie sofort erkennen.

Einen solchen Abzähltrick können Sie auf ähnliche Weise auch mit Spielkarten umsetzen. Sie legen die Spielkarten mit der Rückseite nach oben in Form einer 9 auf den Tisch und schauen dabei unauffällig, welche Karte die 11. im Kreis ist. Dann sagt Ihnen der Zuschauer eine Zahl, und Sie zählen diese genauso ab wie bei den Münzen. Bevor Sie die Karte umdrehen, bei der Sie am Ende landen, verraten Sie, was für eine es ist. Um noch mehr Eindruck zu schinden, können Sie die Karte sogar schon vor Beginn des Zählens vorhersagen.

1 aus 21

Mit Spielkarten kann man noch viele andere wunderbare mathematische Kunststücke vorführen. Das Folgende ist ein Klassiker, den auch viele Kinder beherrschen – meist freilich ohne ihn zu verstehen. Er beruht auf einem geschickten Sortierverfahren. Sie nehmen 21 Spielkarten und verteilen diese auf drei Stapel zu je 7 Karten. Dann legen Sie die 21 Karten offen auf den Tisch – in drei Reihen nebeneinander. Jede Reihe repräsentiert einen Stapel.

Der Zuschauer wählt nun heimlich eine Karte und sagt Ihnen lediglich, in welchem Stapel diese liegt. Sie nehmen die Stapel dann so auf, dass sich der Stapel mit der gewählten Karte in der Mitte befindet. Dann legen Sie die Karten erneut mit dem Gesicht nach oben auf den Tisch. Sie beginnen oben links, die zweite Karte kommt oben in die mittlere Reihe, die dritte in die rechte Reihe oben. Dann geht es in der linken Reihe weiter, es folgt die Mitte, rechts und so weiter.

Spielkartentrick 1 aus 21

Wieder sagt Ihnen der Zuschauer, in welchem Stapel sich die Karte nun befindet. Sie nehmen die Stapel auf, wobei der Stapel mit der gesuchten Karte wieder der mittlere ist. Anschließend legen Sie die Karten nochmals auf den Tisch wie in der Runde zuvor. Wenn der Zuschauer dann zum dritten Mal den Stapel antippt, in dem die von ihm gewählte Karte steckt, wissen Sie, welche es ist. Die vierte von oben, also jene, die genau in der Mitte dieses Stapels liegt.

Alternativ können Sie die drei Stapel auch noch einmal aufnehmen, der Stapel mit der gewählten Karte kommt wieder in die Mitte, und die Karten dann eine nach der anderen mit dem Rücken nach oben auf den Tisch legen. Im Kopf zählen Sie mit – und die Karte Nummer 11 drehen Sie schließlich mit dem Gesicht nach oben – es ist die vom Zuschauer gewählte.

Das Sortierverfahren dahinter ist nicht besonders kompliziert. Nach dem ersten Aufnehmen befindet sich die vom Zuschauer gewählte Karte irgendwo zwischen den Positionen 8 und 14 im Stapel. Nun lege ich die Karten wie oben beschrieben auf den Tisch. Ich bezeichne die Position der Karten mit zwei Zahlen: Reihe und Nummer von oben, diese Bezeichnungen reichen von 1–1 (erste Reihe links oben) bis zu 3–7 (dritte Reihe rechts unten). Nach dem erneuten Auslegen muss die gewählte Karte an einer der folgenden 7 Positionen sein:

2–3
3–3
1–4
2–4
3–4
1–5
2–5

Angenommen, die Karte liegt nun in der ersten Reihe, dann kommen nur 1–4 oder 1–5 in Frage. Wir nehmen die drei Stapel wieder auf, 1–4 und 1–5 sind im mittleren Stapel, und legen die Karten noch mal aus. Die Karten 1–4 und 1–5 befinden sich jetzt an Position 11 und 12 im Stapel. Sie landen deshalb auf den Positionen 2–4 und 3–4. Wenn der Zuschauer auf die Reihe mit seiner Karte zeigt, muss es die Karte in der Mitte sein.

Liegt die Karte beim Schritt davor in der mittleren, zweiten Reihe, dann sind nur die Positionen 2–3, 2–4 oder 2–5 möglich. Beim nochmaligen Auslegen landen diese drei Karten an den neuen Positionen 1–4, 2–4 oder 3–4 – also ebenfalls in der Mitte ihrer jeweiligen Reihe.

Die Karten mit der ursprünglichen Position 3–3 oder 3–4 gelangen beim erneuten Auslegen an die neuen Positionen 1–4 oder 2–4 – und damit auch in die Mitte ihrer Reihe. Das Sortierverfahren grenzt die Zahl der in Frage kommenden Karten also immer weiter ein. Anfangs sind es 7, dann nur noch 2 oder 3, und schließlich ist es nur noch eine. Das ist einfach – aber genial.

Karten durcheinander ordnen

Etwas anders, aber ähnlich beeindruckend ist der folgende Kartentrick, den ich mir von einem Hobbyzauberer abgeschaut habe. Es geht um einen Kartenstapel, in dem alle Karten mit der Rückseite nach oben liegen. Diesen bringe ich scheinbar durcheinander, indem ich immer wieder Teilstapel um 180 Grad drehe, sodass Karten teils mit dem Rücken, teils mit dem Gesicht nach oben liegen. Am Ende korrigiere ich das Durcheinander an einer einzigen Stelle – und Hokuspokus – alle Karten sind wieder mit dem Rücken nach oben sortiert.

Hier der Trick im Detail: Ich nehme den Stapel, die Rückseite der Karten zeigt nach oben, und hebe etwa ein Viertel davon ab. Diesen Kartenstoß drehe ich mit dem Gesicht nach oben und lege ihn wieder auf den Stapel. Dann sorge ich für noch mehr Durcheinander: Ich hebe etwa die Hälfte der Karten von oben ab, drehe diesen Stoß ebenfalls einmal um und lege ihn wieder auf die übrigen Karten. Zum Schluss hebe ich etwa drei Viertel des Stapels ab und drehe die Karten nochmals und lege sie auf die verbliebenen Karten.

»Jetzt sind die Karten aber richtig schön durcheinander«, sage ich den Zuschauern. »Da muss ich wenigstens an einer Stelle mal für Ordnung sorgen.« Ich öffne den Stapel dann an der Stelle, an der zwei Karten mit den Rückseiten aneinanderstoßen – diese Stelle ist etwa in der Mitte des Stapels –, trenne die Stapel und drehe den oberen um, bevor ich sie wieder aufeinanderlege.

Jetzt kommt noch ein bedeutungsvolles »Hokuspokus Fidibus«, klopfen Sie auf den Stapel, pusten Sie hinein, was auch immer Sie wollen. Dann breiten Sie die Karten des Stapels auf dem Tisch aus, und alle Karten liegen mit der Rückseite nach oben. Obwohl der Stapel ja dreimal gehörig durcheinandergebracht wurde.

Die Zeichnung rechts verdeutlicht, was mit dem Kartenstapel beim Abheben und Drehen passiert.

Der ganz linke Stapel in der Zeichnung zeigt die Situation nach dem ersten Abheben. Das obere Viertel der Karten liegt mit dem Rücken nach unten. Passen Sie auf, was beim zweiten Abheben geschieht. Der abgehobene Stapel besteht im unteren Teil aus Karten mit der Rückseite nach oben, darüber liegen die Karten andersherum. Wenn ich diesen Stapel drehe, drehe ich den zuvor gedrehten Stapel wieder so, dass die Rückseite oben liegt.

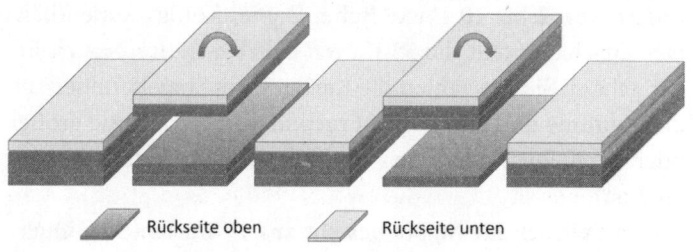

Rückseite oben　　Rückseite unten

Scheinbares Durcheinander beim Stapeldrehen

Das Ergebnis – zu sehen in der Mitte des Bildes, gleicht dem Stapel ganz links. Wenn ich dann im nächsten Schritt drei Viertel abhebe, liegt nach dem Drehen des Stapels die obere Hälfte der Karten mit dem Gesicht nach oben, die darunter haben den Rücken nach oben.

Trenne ich den Gesamtstapel nun genau dort, wo zwei Karten Rücken an Rücken aneinanderstoßen, und drehe den oberen Stapel um, sind alle Karten wieder gleich orientiert. Das angebliche Durcheinander, das ich durch das dreimalige Abheben und Drehen anrichte, ist in Wahrheit gar keins. Und so kann ich am Ende in einem Schritt alles wieder in Ordnung bringen – brillant, oder?

9er-Kartentrick

Der nächste Kartentrick nutzt die Quersumme, mit der wir schnell prüfen können, welchen Rest eine Zahl beim Teilen durch 9 lässt. Das Hübsche daran ist: Wir suchen am Anfang eine Karte aus dem Stapel aus, die jener Zahl entspricht, die wir noch berechnen werden.

Wir benötigen dazu ein Kartendeck mit 52 Karten, das alle

Karten von 2 bis 10 sowie Bube, Dame, König, Ass enthält. Der Zuschauer teilt die 52 Karten beliebig in drei Stapel. Einer geht an Sie. Sie zählen die Karten Ihres Stapels, bilden die Quersumme und ziehen das Ergebnis von 16 (falls sie größer oder gleich 7 ist) oder von 7 ab (falls die Quersumme kleiner als 7 ist).

Ein Beispiel: Ihr Stapel besteht aus 19 Karten. Die Quersumme ist 10. Die ziehen wir von 16 ab und kommen auf 6.

Jetzt folgt etwas, was meist, aber nicht immer klappt. Sie suchen in dem Zaubererstapel nach einer Karte mit dem Wert der eben berechneten Zahl, also nach einer 6. In einem Stapel mit 15 bis 20 Karten sollten Sie meist fündig werden. Diese Karte nehmen Sie aus dem Stapel und legen Sie mit der Rückseite auf den Tisch.

Dann zählen Sie gemeinsam mit dem Zuschauer die beiden anderen Kartenstapel einzeln durch, berechnen jeweils die Quersumme, addieren beide Quersummen und berechnen davon die Quersumme. Das Ergebnis entspricht, wenn alles glattgeht, genau der vorher zur Seite gelegten Karte. Sie drehen diese um, und alle staunen.

Wer sich mit Quersummen gut auskennt, weiß, was hier geschieht. Es wird der Rest bezüglich der Division durch 9 berechnet. Wir haben 3 Reste: den des zuerst durchgezählten Stapels und die der beiden anderen Stapel. Die Summe der Reste muss dem Rest entsprechen, den 52 beim Teilen durch 9 lässt. Und der ist genau 7 (= 5 + 2).

Wenn wir den ersten Stapel durchzählen und die erhaltene Quersumme von 7 oder 16 abziehen, berechnen wir genau den Rest, den die Kartenzahl der beiden verbleibenden Stapel beim Teilen durch 9 lässt. Dass diese Karten über zwei Stapel verteilt sind und wir die Quersummen einzeln berechnen, ändert nichts am Gesamtergebnis.

Nur für echte Zauberer

Der letzte Trick dieses Kapitels – und auch dieses Buchs – kombiniert Mathematik mit Fingerfertigkeit, wie man sie als Magier erlernt. Ich habe ihn trotzdem aufgenommen, weil vielleicht gerade die Kombination aus beiden Dingen ihn so magisch macht – und so schwer zu durchschauen.

Wir benötigen wieder ein Deck aus 52 Karten ohne Joker – also mit allen Karten von 2, 3 … 10, Bube, Dame, König bis zum Ass. Bevor gezaubert wird, erklären Sie den Zuschauern, welchen Wert jede der 13 verschiedenen Karten hat: Ass steht für 1, 2 für 2, 3 für 3, … 10 für 10, Bube für 11, Dame für 12 und König für 13.

Der Zuschauer zieht nun eine Karte, merkt sie sich, und Sie bitten ihn, die Karte wieder in den Stapel zurückzustecken. Dabei ist Ihre Fingerfertigkeit gefragt. Sie heben vom Stapel etwa die Hälfte ab, der Zuschauer legt seine Karte auf den unteren Teilstapel, und Sie setzen den oberen Teilstapel wieder drauf. Aus Sicht des Zuschauers sieht es so aus, als hätten Sie den oberen Stapel tatsächlich auf den unteren gelegt.

Doch auf der dem Zuschauer abgewandten Seite des Stapels haben Sie unbeobachtet eine Fingerspitze zwischen beide Stapel gesteckt. Nun heben Sie den oberen Stapel wieder ab und stecken ihn unter den unteren Stapel. Jetzt befindet sich die vom Zuschauer gewählte Karte ganz oben auf dem Kartenstapel – und genau dort wollen wir sie auch haben.

Um die Zauberei perfekt zu machen, sollten Sie den Stapel nun ein bisschen mischen. Wichtig ist, dass die gewählte Karte danach weiterhin ganz oben liegt. Es gibt Mischtechniken, mit denen das wunderbar gelingt. Weil der Zuschauer seine Karte aber mittendrin im Stapel wähnt, schöpft er keinen Verdacht.

Nun beginnt der mathematische Teil. Sie teilen den Stoß in 3 Stapel auf. Der erste muss aus 12 Karten bestehen und die vom Zuschauer gezogene Karte muss auf ihm ganz oben liegen. Die Größe der übrigen beiden Stapel ist egal. Der Zuschauer darf nun aus jedem Stapel eine Karte ziehen. Achten Sie darauf, dass er aus dem ersten nicht die oberste nimmt! Die 3 Karten werden offen nebeneinander hingelegt. Sie erklären nun: »Diese 3 Karten helfen uns beim Finden der gesuchten Karte.«

Zauberei mit der 13: klassischer Abzähltrick

Es sind noch 4 Schritte bis zum magischen Moment:

1. Sie nehmen die 3 Stapel auf, wobei der erste Stapel mit 11 Karten ganz unten sein muss.
2. Sie legen zu jeder der 3 offen liegenden Karten so viele Karten vom Stapel hinzu, dass der Wert der Karte plus die Anzahl der hingelegten Karten genau 13 ergibt. Beispiel auf dem Foto oben: Zur Karte mit der Nummer 3 ganz links kommen $13 - 3 = 10$ Karten hinzu. Zum Buben daneben (Wert 11) kommen 2 Karten, zur 8 rechts $13 - 8 = 5$ Karten.

3. Addieren Sie im Kopf die Werte der 3 offen liegenden Karten, also $3 + 11 + 8 = 22$. Behalten Sie diese Zahl für sich.
4. Zählen Sie genauso viele Karten vom verbliebenen Stapel ab. Die Karte, bei der Sie ankommen, drehen Sie um – es ist die vom Zuschauer gezogene!

Der letzte Kartentrick ist für mich zugleich der schönste. Um die Magie nicht gleich wieder zu zerstören, möchte ich die Auflösung an dieser Stelle noch nicht verraten. Versuchen Sie doch einmal selbst herauszufinden, wie er funktioniert. Dies ist zugleich die Aufgabe 45 – die Auflösung finden Sie am Ende des Buches.

Ich hoffe, Sie hatten an diesen spannenden und verblüffenden Spielereien genauso große Freude wie ich. Falls Sie noch mehr lernen möchten, empfehle ich Ihnen die vielen Bücher von Martin Gardner, der mathematische Tricks und Rätsel gesammelt hat wie andere Briefmarken. Denken Sie immer daran: Mathematik ist manchmal so undurchschaubar, dass sie Zauberei gleicht. Aber mit etwas Nachdenken entdecken Sie das Geheimnis ihrer Magie!

Aufgaben

Aufgabe 41 * *

Sie bitten einen Zuschauer, eine beliebige vierstellige Zahl auf einen Zettel zu schreiben. Er wählt 3485. Sie schauen sich diese Zahl kurz an und notieren dann 23483 auf einen Zettel, den Sie niemandem zeigen und zusammengefaltet auf den Tisch legen. »Wir rechnen nun nach Ihren Vorgaben ein bisschen mit Ihrer Zahl«, sagen Sie, »aber ich weiß jetzt schon, was am Ende herauskommt.« Der Zuschauer darf nun zwei weitere beliebige vierstellige Zahlen wählen – Sie ergänzen nach seiner Wahl jeweils eine von Ihnen gewählte vierstellige Zahl. Am Ende addieren Sie alle fünf Zahlen – und kommen genau auf 23483.

Beispielrechnung:

Erste Zahl des Zuschauers:	3485
Zweite Zahl des Zuschauers:	7852
Ihre erste Zahl:	2147
Dritte Zahl des Zuschauers:	4305
Ihre zweite Zahl:	5694
Summe:	23483

Wie funktioniert dieser Zahlentrick?

Aufgabe 42 * *

Bitten Sie einen Zuschauer, zwei Würfel zu werfen. Sie drehen sich vorher um, denn Sie dürfen die Würfel nicht sehen. Nun soll der

Zuschauer folgende kleine Rechnung ausführen: die geworfene Augenzahl des ersten Würfels verdoppeln und 5 hinzuaddieren. Das Ergebnis wird mit 5 multipliziert und dazu die Augenzahl des zweiten Würfels addiert. Lassen Sie sich das Ergebnis sagen – und Sie können sofort die beiden Augenzahlen nennen. Warum?

Aufgabe 43 *
Berechnen Sie die Summe der Quersummen aller Zahlen von 1 bis 100.

Aufgabe 44 *
In diesem Kapitel beschreibe ich Ihnen einen Zahlentrick mit der 11-stelligen Seriennummer von Euroscheinen. Die Seriennummer von Dollarnoten enthält aber nur 8 Ziffern. Wie müssen Sie den Trick für Euroscheine anpassen, damit er auch mit Dollarnoten funktioniert?

Aufgabe 45 *
Warum funktioniert der letzte in diesem Kapitel beschriebene Kartentrick?

Quellen

Sofern verfügbar, habe ich bei den wissenschaftlichen Publikationen die DOI-Nummer mit angegeben. Wenn Sie diese auf der Webseite doi.org in die Suchmaske eintippen, gelangen Sie direkt zu dem jeweiligen Fachartikel oder zumindest zum Abstract.

Kapitel 1
Arthur Benjamin, Michael Shermer: »Mathe-Magie – Verblüffende Tricks für blitzschnelles Kopfrechnen und ein phänomenales Gedächtnis«, Heyne, München, 2007

Stanislas Dehaene: »Der Zahlensinn – oder warum wir rechnen können«, Birkhäuser, 1999

Walter Lietzmann: »Sonderlinge im Reiche der Zahlen«, Dümmler, Bonn, 1954

Karl Menninger: »Rechenkniffe. Lustiges und vorteilhaftes Rechnen«, Vandenhoeck & Ruprecht, Göttingen, 1961

Kapitel 2
Albrecht Beutelspacher, Marcus Wagner: »Wie man durch eine Postkarte steigt: … und andere spannende mathematische Experimente«, Herder, Freiburg im Breisgau, 2008

Martin Gardner: »Mathematische Knobeleien«, Vieweg, Braunschweig, 1980

Hans-Wolfgang Henn: »Origamics – Papierfalten mit mathematischem Spürsinn«, Die neue Schulpraxis, Heft 6/7 2003, S. 49–53, http://www.mathematik.uni-dortmund.de/ieem/_personelles/people/henn/origa_hd.pdf

Jürgen Köller: »Mathematische Basteleien«, http://www.mathema-tische-basteleien.de/fuenfeck.htm

Jim Loy: »The Regular Pentagon«, http://www.jimloy.com/geometry/pentagon.htm

Kapitel 3
Arthur Benjamin, Michael Shermer: »Mathe-Magie – Verblüffende Tricks für blitzschnelles Kopfrechnen und ein phänomenales Gedächtnis«, Heyne, München, 2007

Karl Menninger: »Rechenkniffe. Lustiges und vorteilhaftes Rechnen«, Vandenhoeck & Ruprecht, Göttingen, 1961

Kapitel 4
Ian's Shoelace Site – Bringing you the fun, fashion & science of shoelaces, http://www.fieggen.com/shoelace/

Burkard Polster: »What is the best way to lace your shoes?«, Nature, 420, S. 476, 5. Dezember 2002, doi:10.1038/420476a

Burkhard Polster: »The Shoelace Book: A Mathematical Guide to the Best (And Worst) Ways to Lace Your Shoes«, American Mathematical Society, 2006

Thomas Fink, Yong Mao: »Designing tie knots by random walks«, Nature, Vol. 398, 4. März 1999, doi: 10.1038/17938, http://www.tcm.phy.cam.ac.uk/~tmf20/TIES/PAPERS/paper_nature.pdf

Thomas Fink, Yong Mao: »Tie knots, random walks and topology«, 2000, Physica A 276, S. 109–121, doi: 10.1016/S0378-4371(99)00226-5

Thomas Fink, Yong Mao: »Die 85 Methoden, eine Krawatte zu binden«, Hoffmann und Campe, Hamburg, 2000

Homepage Thomas Fink: Encyclopedia of Tie Knots, http://www.tcm.phy.cam.ac.uk/~tmf20/tieknots.shtml

Lauftipps.ch: Laufschuhe richtig schnüren, http://www.lauftipps.ch/
optimale-laufausruestung/laufschuhe/laufschuhe-richtig-schnueren/

Kapitel 5

Walter Lietzmann: »Sonderlinge im Reiche der Zahlen«, Dümmler,
Bonn, 1954

Gert Mittring: »Rechnen mit dem Weltmeister«, Fischer Verlag,
Frankfurt am Main, 2011

Michael Gloschewski: Memocamp – Portal für Gedächtnistraining,
http://www.memocamp.de/

Helga Schulz: Zahlen merken. Wichtige Zahlen für immer merken.
http://www.zahlen-merken.de/

Peter Kovacs: »Angewandte Gedächtniskunst und Memoriertechnik
für den akademischen Bereich«, http://www.memory-palace.de/

Holger Dambeck: »Wie sich Frau Duch 5555 Ziffern merkt«,
SPIEGEL ONLINE, http://spon.de/abECB

Weltrangliste der Pi-Auswendiglerner,
http://www.pi-world-ranking-list.com/

Zahl-Symbol-System,
http://de.wikipedia.org/wiki/Zahl-Symbol-System

Major-System, http://de.wikipedia.org/wiki/Major-System

Loci-Methode, http://de.wikipedia.org/wiki/Loci-Methode

Kapitel 6

Ann Cutler, Rudolph McShane: »The Trachtenberg Speed System of
Basic Mathematics«, Souvenir Press, London, 1989

»Halber Nachbar«, DER SPIEGEL 37/1963, S. 95–96,
http://www.spiegel.de/spiegel/print/d-46171933.html

Kapitel 7

Gert Mittring: »Rechnen mit dem Weltmeister«, Fischer Verlag, Frankfurt am Main, 2011

Gert Mittring: In 11,6 Sekunden die 13. Wurzel ziehen, SPIEGEL ONLINE, http://spon.de/abyTg

Martin Gardner: Mathematik und Magie. Dumont, Köln, 1981

Martin Gardner: Mathematischer Karneval. Ullstein, Frankfurt/M, 1977

Walter Lietzman: »Lustiges und Merkwürdiges von Zahlen und Formen«, Vandenhoeck & Ruprecht, Göttingen, 1950

Karl Menninger: Rechenkniffe. Lustiges und vorteilhaftes Rechnen. Vandenhoeck & Ruprecht, Göttingen, 1961

Albrecht Beutelspacher: Tricks mit Zahlen, http://www.uni-giessen.de/wgms/WGMS2/Folien/Tricks.pdf

Wochentagsberechnung, http://de.wikipedia.org/wiki/Wochentagsberechnung

Kapitel 8

EM-Sticker: Mathe-Tricks machen Panini-Sammeln günstiger, SPIEGEL ONLINE, http://spon.de/adFaP

Panini-Sticker-Statistik: Lahm besiegt Neuer mit 334 zu 178, SPIEGEL ONLINE, http://spon.de/adFTJ

Dominique Foata, Guo-Niu Han et Bodo Lass: The hyperharmonic numbers and the phratry of the coupon collector, http://www-irma.u-strasbg.fr/~foata/paper/pub88fratrie.pdf

Sammelalbum, http://de.wikipedia.org/wiki/Sammelalbum

Doron Zeilberger: How Many Singles, Doubles, Triples, Etc., Should The Coupon Collector Expect? http://www.math.rutgers.edu/~zeilberg/mamarim/mamarimhtml/coupon.html

Kapitel 9

Martin Gardner: Mathematik und Magie. Dumont, Köln, 1981

Wikibook Kartentricks: »1 aus 21« oder »3 mal 7«,
http://de.wikibooks.org/wiki/Kartentricks

Magicgerman: Mathematischer Kartentrick mit Quersummen,
http://www.youtube.com/watch?v=OKyjB25RzfU

Tapsanproduction: Mathematischer Kartentrick mit der 13,
http://www.youtube.com/watch?v=i8bng7UYwds

Knobelaufgaben

Bernd Noack, Herbert Titze (Hrsg.): »Aufgaben mit Lösungen aus
Olympiaden Junger Mathematiker der DDR in den Klassen 5–8«,
Volk und Wissen, Berlin, 1983

Johannes Lehmann: »Kurzweil durch Mathe«, Urania, Leipzig, 1980

Fabian Meier (Hrsg.): »Mathe ist cool junior. Eine Sammlung
mathematischer Probleme«, Cornelsen, Berlin, 2008

Walter Lietzman: »Lustiges und Merkwürdiges von Zahlen und
Formen«, Vandenhoeck & Ruprecht, Göttingen, 1950

Aufgabenarchiv des Vereins Mathematik-Olympiaden e.V.,
http://www.mathematik-olympiaden.de/

Fünfeckbeweis

Wir schauen uns an, wie die Winkelbeziehungen in einem regelmäßigen Pentagon und in einem eingezeichneten Pentagramm – einem Stern mit fünf Ecken – sind.

Die Innenwinkel in einem Pentagon haben die Größe von 108 Grad. Das kann man leicht ausrechnen, wenn man die Ecken des Fünfecks mit dem Mittelpunkt verbindet. Die 5 Winkel mit dem Mittelpunkt M als Scheitelpunkt sind 72 Grad groß, denn $72° \times 5 = 360°$. Also sind die Winkel an der Basis der gleichschenkligen Dreiecke $(180° - 72°)/2 = 54°$ groß. Ein Innenwinkel des Pentagons setzt sich aus zwei solcher Winkel zusammen, also muss er $54° \times 2 = 108°$ groß sein.

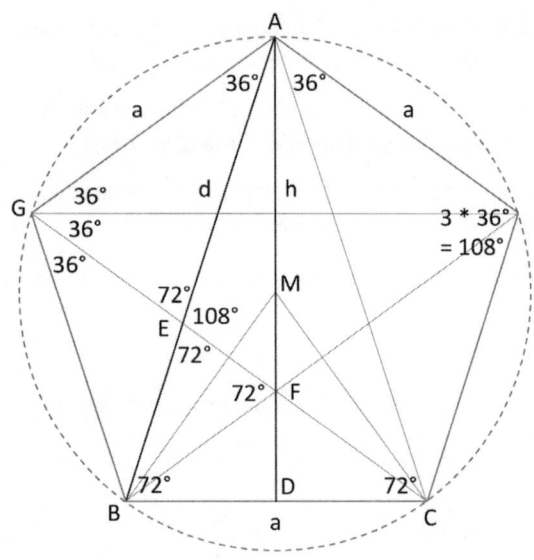

Winkelbeziehungen bei Pentagon und Pentagramm

Ein Pentagramm entsteht, wenn wir alle fünf Diagonalen in das Pentagon einzeichnen. Die Länge der Diagonalen, die Strecken AB und AC sind solche Diagonalen, bezeichnen wir mit d. Die 2 Diagonalen, die von einer Ecke ausgehen, teilen den Innenwinkel 108° in 3 gleich große Winkel von jeweils 36°. Das sieht man zum Beispiel am Dreieck AGB. Es ist gleichschenkelig und hat in G den Winkel 108°. Somit ist der Winkel in A und B jeweils $(180° - 108°)/2 = 36°$. Wie üblich ist a die Seitenlänge des Fünfecks (= Strecke BC). In unserer Zeichnung untersuchen wir nun die Dreiecke ABC und AGE. Hierbei ist E der Schnittpunkt der Diagonalen AB und GC. Beide haben identisch große Winkel: Der an der Spitze ist jeweils 36°, die beiden an der Basis sind jeweils 72°. Wegen zweier gleich großer Winkel an der Basis sind beide Dreiecke gleichschenklig, also gilt:

$AG = AE = a$

$AB = d = AE + BE = a + BE$

$BE = d - a$

GE wiederum ist genauso lang wie BE.

$GE = d - a$

Wegen der Ähnlichkeit beider Dreiecke gilt folgende Relation:

$$\frac{BC}{AB} = \frac{GE}{AG}$$

Wir setzen nun a und d in die Gleichung ein und erhalten:

$$\frac{a}{d} = \frac{d - a}{a}$$

Daraus ergibt sich:

$$d^2 - a \times d - a^2 = 0$$

Diese Gleichung hat die positive Lösung:

$$d = \frac{a}{2} \times (\sqrt{5} + 1)$$

Weiter geht's mit der Höhe h des Fünfecks, die der Strecke AD entspricht. Nach dem Satz des Pythagoras gilt:

$$d^2 = h^2 + \frac{a^2}{4}$$

$$h^2 = d^2 - \frac{a^2}{4}$$

$$= \frac{a^2}{4}((\sqrt{5} + 1)^2 - 1)$$

$$= \frac{a^2}{4}(5 + 2 \times \sqrt{5} + 1 - 1)$$

$$h = \frac{a}{2} \times \sqrt{5 + 2 \times \sqrt{5}}$$

Wir sind gleich fertig. Wir haben bereits ausgerechnet, wie lang d und h in Abhängigkeit von a sind. Es fehlt noch die Formel für den Radius r vom Umkreis unseres Fünfecks.

Nach dem Satz des Pythagoras gilt für das Dreieck BDM:

$$r^2 = \frac{a^2}{4} + (h - r)^2$$

Dies stellen wir nach r um:

$$2 \times r \times h = \frac{a^2}{4} + h^2$$

$$r = \frac{1}{2h} \times (\frac{a^2}{4} + h^2) = \frac{a^2}{8h} + \frac{h}{2}$$

Nun setzen wir den Ausdruck $h = \dfrac{a}{2} \times \sqrt{5 + 2 \times \sqrt{5}}$ in diese Gleichung ein und erhalten den nicht gerade simplen Ausdruck:

$$r = \frac{a}{4\sqrt{5 + 2 \times \sqrt{5}}} + \frac{a \times \sqrt{5 + 2 \times \sqrt{5}}}{4}$$

$$= \frac{a}{4} \times \frac{1 + 5 + 2 \times \sqrt{5}}{\sqrt{5 + 2 \times \sqrt{5}}}$$

$$r = \frac{a}{2} \times \frac{3 + \sqrt{5}}{\sqrt{5 + 2 \times \sqrt{5}}}$$

Wir müssen nun noch zeigen, dass diese Beziehung zwischen r und a identisch ist zu der, die wir bei der Konstruktion der Fünfeckseite auf Seite 49 ausgerechnet haben. Diese lautet:

$$a^2 = r^2 \times \frac{5 - \sqrt{5}}{2}$$

Wir stellen die obere Gleichung nach a um und quadrieren sie anschließend:

$$a^2 = \left(2r \times \sqrt{\frac{5 + 2 \times \sqrt{5}}{3 + \sqrt{5}}}\right)^2$$

$$= r^2 \times \frac{4(5 + 2 \times \sqrt{5})}{(3 + \sqrt{5})^2}$$

Es bleibt zu zeigen, dass

$$\frac{4(5 + 2 \times \sqrt{5})}{(3 + \sqrt{5})^2} = \frac{5 - \sqrt{5}}{2}$$

gilt. Dies folgt aus einer kurzen Rechnung, bei der man mit beiden Nennern multipliziert:

$$2 \times 4(5 + 2 \times \sqrt{5}) = 8(5 + 2 \times \sqrt{5}) = 40 + 16 \times \sqrt{5}$$
$$= 70 - 14 \times \sqrt{5} + 30 \times \sqrt{5} - 30$$
$$= (14 + 6 \times \sqrt{5})(5 - \sqrt{5})$$
$$= (9 + 6 \times \sqrt{5} + 5)(5 - \sqrt{5})$$
$$= (3 + \sqrt{5})^2(5 - \sqrt{5})$$

Damit haben wir gezeigt, dass die Beziehung zwischen a und r, wie wir sie bei unserer Konstruktion erhalten, tatsächlich für das regelmäßige Fünfeck zutrifft. Also führt diese Konstruktion auch automatisch zum gesuchten Pentagon.

Lösungen

Aufgabe 1 *

Die Summe von vier natürlichen Zahlen ist eine ungerade Zahl. Beweisen Sie, dass das Produkt dieser vier Zahlen dann eine gerade Zahl ist.

Alle vier Zahlen können nicht ungerade sein, denn dann wäre ihre Summe gerade. Deshalb ist mindestens eine der vier Zahlen gerade – und damit auch das Produkt der vier Zahlen.

Aufgabe 2 * *

Karin hat 7 Tafeln Schokolade: 4 Vollmilch, 2 Zartbitter und 1 Nuss. Sie möchte 3 Tafeln ihrem Freund geben und 4 behalten. Wie viele Varianten gibt es?

Karin muss aus den 7 Tafeln 3 aussuchen und weggeben. Es gibt dafür insgesamt 6 Varianten:

1. 1 Nuss + 2 Zartbitter
2. 1 Nuss + 2 Vollmilch
3. 1 Nuss + Vollmilch + Zartbitter
4. 2 Zartbitter + Vollmilch
5. 1 Zartbitter + 2 Vollmilch
6. 3 Vollmilch

Aufgabe 3 * * *

Beweisen Sie folgenden Rechentrick für die Multiplikation zweier zweistelliger Zahlen, deren Zehner gleich sind und deren Einer zusammen 10 ergeben. Wir rechnen Zehner × (Zehner +1) und hängen daran zweistellig das Produkt der beiden Einer an.

a und b sind einstellige natürliche Zahlen $(a > 0)$, $10a + b$ und $10a + 10 - b$ sind die beiden gegebenen Zahlen. Wir rechnen:

$$(10a + b) \times (10a + 10 - b) = 100a^2 + 100a - 10ab + 10ab + 10b - b^2$$
$$= 100a(a + 1) + b(10 - b)$$

Das Ergebnis entspricht genau der Rechenvorschrift, denn b und $10 - b$ sind die Einer, die wir miteinander multiplizieren.

Aufgabe 4 * * *

Die Zehner zweier zweistelliger Zahlen ergänzen sich zu 10, die Einer sind gleich. Warum funktioniert folgender Trick zur Berechnung des Produkts? Wir multiplizieren die Zehner und addieren dazu die Einerziffer. An das Ergebnis hängen wir dann zweiziffrig das Quadrat der Einer.

a und b sind einstellige natürliche Zahlen $(a > 0)$, $10a + b$ und $10(10 - a) + b$ sind die beiden gegebenen Zahlen. Wir rechnen:

$$(10a + b) \times (10(10 - a) + b) = (10a + b) \times (100 - 10a + b)$$
$$= 1000a - 100a^2 + 10ab + 100b - 10ab + b^2$$
$$= 100(10a - a^2 + b) + b^2$$
$$= 100(a(10 - a) + b) + b^2$$

Das Ergebnis entspricht genau der verwendeten Rechenformel, denn a und $10 - a$ sind die Zehner der beiden Zahlen.

Aufgabe 5 * * * *

Beweisen Sie den Rechentrick für die Multiplikation einer Schnapszahl mit 9:

$8888 \times 9 = 7 \mid 999 \mid 2$
$\quad\quad\quad = 79992$

a soll die Ziffer der Schnapszahl sein. Dann lautet die Multiplikationsaufgabe:

$$\text{Produkt} = (a \times 10^n + a \times 10^{n-1} + a \times 10^{n-2} + \ldots + a \times 10 + a) \times 9$$
$$= 9a \times 10^n + 9a \times 10^{n-1} + 9a \times 10^{n-2} + \ldots + 9a \times 10 + 9a$$

Das Produkt 9a ist für $1 < a < 10$ eine zweistellige Zahl, wobei der Zehner $a-1$ ist und der Einer $10-a$. Wenn $a = 1$ ist, ist der Zehner $a - 1 = 0$, also ist die Zahl einstellig.

Wir setzen $9a = 10(a-1) + 10 - a$ in die Gleichung ein und beginnen ganz rechts, die Zehnerpotenzen neu zu sortieren. Als Einer bleibt dort $10 - a$ stehen, der Term $(a-1) \times 10$ rutscht nach links zu den Zehnern und wird dort zu $a - 1$. Bei den Zehnern steht nun ebenfalls $10(a-1) + 10 - a$, wobei $10(a-1)$ zu den Hundertern rutscht und dort zu $a - 1$ wird. Vor der 10 steht $10 - a$ plus der von den Einern hinübergerutschte Term $a - 1$. Die Summe aus beiden ergibt 9! Und so verhält es sich auch bei allen übrigen Zehnerpotenzen links daneben – überall summieren sich $10 - a$ und $a - 1$ zu 9. Aus dem Ausdruck ganz links $9a \times 10^n$ wird so ebenfalls eine 9, zusätzlich ist aber eine neue Zehnerpotenz entstanden, und zwar $(a-1) \times 10^{n+1}$. Fassen wir zusammen: Das Ergebnis hat $n + 2$ Stellen. Die erste ist $a - 1$, dann folgen n Neunen und schließlich der Einer $10 - a$.

Weil $a - 1$ und $10 - a$ genau Zehner und Einer des Produkts 9a sind, haben wir den Rechentrick somit bewiesen.

Aufgabe 6 *

Die Seite eines Rechtecks wird um 50 Prozent verlängert. Um welche Prozentzahl müssen Sie die andere Seite verkürzen, damit sich die Fläche des Rechtecks nicht ändert?

Für die Fläche des Rechtecks gilt die Formel $A = a \times b$. Wenn wir a um 50 Prozent verlängern, ist die Seite $1,5 \times a$ lang. b muss dann auf die Länge $b/1,5$ verkürzt werden, damit die Fläche unverändert bleibt. Ihre Länge ist 66,7 Prozent der ursprünglichen Länge, also wird sie um 33,3 Prozent oder 1/3 gekürzt.

Aufgabe 7 * *

Wie groß ist der Innenwinkel in einem regelmäßigen n-Eck?

Wenn wir den Mittelpunkt des n-Ecks mit jedem seiner n Ecken verbinden, erhalten wir n gleichschenklige Dreiecke. Der Winkel in der Spitze ist 360°/n. Die beiden gleich großen Winkel an der Basis jedes dieser gleichschenkligen Dreiecke sind zusammen so groß wie der gesuchte Innenwinkel. Weil die Winkel im Dreieck zusammen 180° ergeben, ist der Innenwinkel im regelmäßigen n-Eck 180°–360°/n groß.

Aufgabe 8 * *

Die Zeiger der Uhr zeigen die Zeit 16.20 Uhr an. Wie groß ist der Winkel zwischen großem und kleinem Zeiger in diesem Moment?

In 20 Minuten schafft der große Zeiger ein Drittel der 360-Grad-Runde, also steht er beim Winkel von 120 Grad. Der kleine Zeiger schafft pro Stunde ein Zwölftel der Runde, pro Stunde sind das 30 Grad. Um 16 Uhr hat er seit 12 Uhr 120 Grad zurückgelegt, bis 16.20 Uhr kommt noch ein Drittel von 30 Grad hinzu = 10 Grad. 130 – 120 = 10 Grad – das ist der gesuchte Winkel.

Aufgabe 9 * * *

Über jeder Seite eines Quadrats wird nach
außen ein gleichschenkliges Dreieck konstruiert.
Die Fläche jedes dieser Dreiecke soll genauso
groß sein wie die Fläche des Quadrats. Wie groß
ist der Abstand von zwei gegenüberliegenden
Spitzen des vierzackigen Sterns?

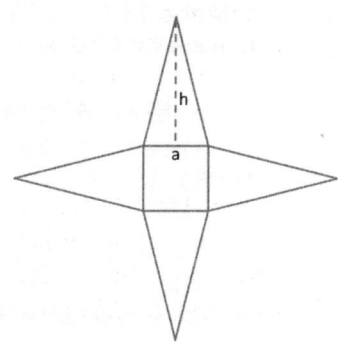

Das Quadrat hat die Seitenlänge a
und die Fläche a^2. Die Fläche des
konstruierten Dreiecks mit der Höhe h
beträgt ah/2. Also muss h = 2a sein.
Der Abstand zweier gegenüberliegender
Spitzen ist deshalb 5a.

Aufgabe 10 * * * *

Gegeben ist ein Winkel mit der Größe von 63 Grad.
Dritteln Sie diesen Winkel allein mithilfe von Zirkel
und Lineal. Sie dürfen das Papier nicht falten.

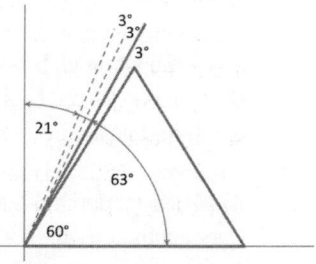

Wir konstruieren im Scheitelpunkt des
gegebenen Winkels ein gleichseitiges
Dreieck, sodass ein Eckpunkt des
Dreiecks mit dem Scheitelpunkt
zusammenfällt und eine Seite auf dem Schenkel des Winkels liegt.
Der Winkel im gleichseitigen Dreieck ist 60 Grad groß, der Winkel
zwischen der Dreiecksseite und dem zweiten Schenkel des zu
drittelnden Winkels beträgt dann 63 − 60 = 3 Grad.
Diese 3 Grad tragen wir noch zweimal außen an den Schenkel an
und erhalten somit einen Gesamtwinkel von 63 + 2 × 3 = 69 Grad.
Die Differenz zu 90 Grad ist genau die gesuchte Winkelgröße von
21 Grad. Wir müssen also nur noch die Senkrechte über dem
unteren Schenkel durch den Scheitelpunkt des Winkels errichten
und sind fertig.

Aufgabe 11 *
Woran erkennen Sie, ob eine Zahl durch 16 teilbar ist?

Ich brauche nur die letzten vier Stellen anzuschauen, denn 10.000 und damit auch alle Vielfachen davon sind immer durch 16 teilbar $(10.000 = 16 \times 625)$.

Aufgabe 12 * *
Welche der folgenden Zahlen ist durch 55 teilbar?
3938
2512895
4541680

3938 endet nicht auf 5 und kann deshalb nicht durch $55 = 5 \times 11$ teilbar sein.

2512895 ist durch 5 teilbar und durch 11, denn die alternierende Quersumme $2 - 5 + 1 - 2 + 8 - 9 + 5$ ist 0. Damit ist die Zahl auch durch 55 teilbar.

4541680 ist durch 5 teilbar und durch 11 (alternierende Quersumme $= 4 - 5 + 4 - 1 + 6 - 8 + 0 = 0$), damit auch durch 55.

Aufgabe 13 * *
Ist eine der folgenden Zahlen durch 7, 11 oder 13 teilbar?
15575
258262
24336
65912
22221111

Zur Lösung nutzen wir die 1001-Methode.

~~15~~575
−15
=560

560 ist durch 7 teilbar ($7 \times 80 = 560$), aber weder durch 11 noch durch 13.

~~258~~262
−258
=4

258262 ist kein Vielfaches von 7, 11 und 13.

~~24~~336
−24
=312

7 und 11 sind keine Teiler, dafür aber die 13 ($13 \times 24 = 312$).

~~65~~912
−65
=847

7 und 11 sind Teiler, aber nicht 13.

~~22~~221111
−22
=~~199~~111
−199
=−88

22221111 ist durch 11, jedoch nicht durch 7 und 13 teilbar.

Aufgabe 14 * *

m und n sind natürliche Zahlen. Zeigen Sie: Wenn $100m + n$ durch 7 teilbar ist, dann ist auch $m + 4n$ durch 7 teilbar.

Wir schreiben $100m + n = 7k$ (k = natürliche Zahl). Das stellen wir nach n um, $n = 7k - 100m$ und setzen es in den Ausdruck $m + 4n$ ein:

$$m + 28k - 400m = 28k - 399m$$

Sowohl 28 (7×4) als auch 399 (7×57) sind Vielfache von 7, also ist auch $m + 4n$ durch 7 teilbar.

Aufgabe 15 * * * *

Finden Sie die kleinste Primzahl, die beim Teilen durch 5, 7 und 11 jeweils den Rest 1 lässt!

Weil 5, 7 und 11 teilerfremd sind, muss die Primzahl die Form $p = 5 \times 7 \times 11 \times n + 1 = 385n + 1$ haben (n = natürliche Zahl). Außerdem lässt sich jede Primzahl größer als 3 in der Form $6m + 1$ oder $6m + 5$ schreiben (m = natürliche Zahl). Nehmen wir zunächst an, die Primzahl hat die Form $6m + 5$. Es gilt

$$385n + 1 = 6m + 5$$
$$385n \quad = 6m + 4$$

Weil 385 ungerade ist, $6m + 4$ aber gerade, muss n eine gerade Zahl sein.

Nun zum Fall Primzahl $= 6m + 1$:

$$385n + 1 = 6m + 1$$
$$385n \quad = 6m$$

Auch in diesem Fall muss n eine gerade Zahl sein. Wir setzen also $n = 2k$ (k = natürliche Zahl), die gesuchte Primzahl hat die Form $385 \times 2k + 1 = 770 \times k + 1$. Nun probieren wir einfach aus, ob wir eine Primzahl finden, und setzen $k = 1, 2, 3, 4, 5$ ein. Wir erhalten 771, 1541, 2311, 3081 und 3851. 771 und 1541 sind keine Primzahlen, aber 2311 ist eine. Sie ist deshalb die gesuchte kleinste Primzahl, die beim Teilen durch 5, 7 und 11 jeweils den Rest 1 lässt.

Aufgabe 16 *

Ein Clown hat Schnürsenkel und Krawatten in den Farben Gelb, Orange, Grün, Blau und Lila. Er möchte, dass die beiden Schnürsenkel verschiedenfarbig sind und auch die Krawatte eine andere Farbe hat als die Schnürsenkel. Wie viele Farbvarianten sind insgesamt möglich? Ein Tausch der Schnürsenkel von links nach rechts und umgekehrt soll als neue Farbvariante gelten.

Es sind 5 Farben. Für den ersten Schnürsenkel gibt es also 5 Varianten, für den zweiten Schnürsenkel noch 4 und für die Krawatte 3. Es gibt daher $5 \times 4 \times 3 = 60$ Möglichkeiten.

Aufgabe 17 *

a und b sind rationale Zahlen, beide sind größer als 2. Zeigen Sie, dass dann gilt $ab > a + b$!

Wir schreiben a in der Form $a = 2 + s$ (s > 0) und $b = 2 + t$ (t > 0). ab ist dann $(2 + s)(2 + t) = 4 + 2s + 2t + st$. Für $a + b$ erhalten wir $4 + s + t$. Daraus folgt sofort $ab > a + b$.

Aufgabe 18 * *

Sie haben einen Schuh mit 6 Lochpaaren. Der Abstand von Lochpaar zu Lochpaar beträgt 1 Zentimeter, der Abstand der linken zur rechten Lochreihe 2 Zentimeter. Sie wollen den Schuh klassisch über Kreuz schnüren. Wenn die beiden Enden des Schnürsenkels aus dem obersten Lochpaar mit je 15 Zentimetern herausragen sollen, wie lang muss dann der Schnürsenkel insgesamt sein?

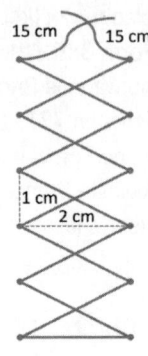

Die Verbindung der beiden Löcher des untersten Lochpaares misst 2 Zentimeter. Dazu kommen wegen der insgesamt 6 Lochpaare genau 10 diagonale Verbindungen von einem Loch zum nächsthöheren Loch auf der gegenüberliegenden Seite.

Eine solche Diagonale hat nach dem Satz des Pythagoras die Länge $\sqrt{2^2 + 1^2} = \sqrt{5}$. Die beiden offenen Enden messen zusammen 30 Zentimeter. Der Schnürsenkel ist deshalb $32 + 10 \times \sqrt{5} = 54{,}36$ cm lang.

Aufgabe 19 * * *

Die Abbildung zeigt 16 von insgesamt 42 Schnürvarianten, die bei 3 Lochpaaren möglich sind. Finden Sie die übrigen 26, die sich durch Spiegelung oder Drehung aus diesen 16 Varianten ergeben.

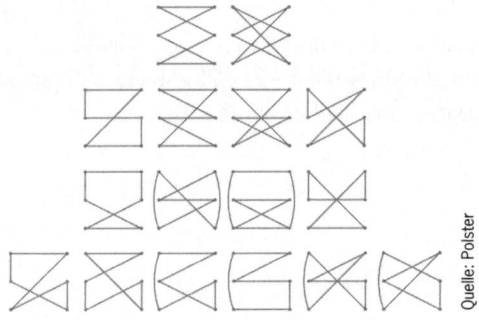

Quelle: Polster

Aus den 8 Varianten in der zweiten und dritten Reihe von oben ergeben sich durch einfache Spiegelung 8 weitere Varianten. Aus den 6 Schnürungen in der unteren Reihe kann man je 3 weitere konstruieren, also insgesamt 18.

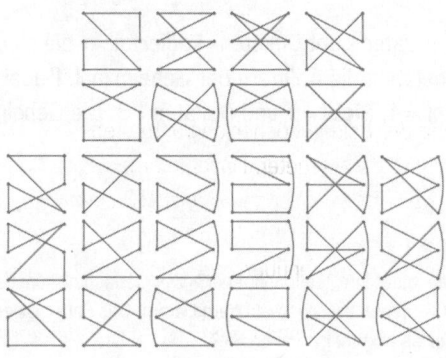

Aufgabe 20 * * *

Gibt es ein Vieleck, das dreimal so viele Diagonalen hat wie Ecken?

Eine Diagonale ist eine Strecke, die einen Eckpunkt mit einem anderen Eckpunkt verbindet. Die Verbindungen zu den beiden benachbarten links und rechts liegenden Punkten sind Seiten des Vielecks und keine Diagonalen. Von jedem der n Punkte eines n-Ecks gehen deshalb n−3 Diagonalen aus – die beiden Nachbarpunkte und den Punkt selbst müssen wir von n abziehen. Insgesamt hat ein n-Eck $n(n-3)/2$ Diagonalen. Ohne den Quotienten 2 würden wir jede Diagonale doppelt zählen. Laut Aufgabe muss dann gelten $n(n-3)/2 = 3n$. Das formen wir zu $n^2 = 9n$ um. Für positive n gibt es dann nur eine Lösung: $n = 9$.

Aufgabe 21 *

Ein Bösewicht hat ein Portemonnaie gestohlen. Darin stecken eine Geldkarte und eine Visitenkarte des Besitzers mit der handschriftlichen Notiz »Der Vater siebt Dukaten«. Es gelingt dem Dieb, mit der Karte Geld abzuheben. Wie hat er die Geheimnummer herausbekommen?

Der Satz »Der Vater siebt Dukaten« kodiert über die Anfangsbuchstaben die 4 Ziffern der Geheimzahl. Dabei gilt: **D**er = 3, **V**ater = 4, **Sieb**t = 7 und **D**ukaten = 3. Die Geheimzahl ist 3473.

Aufgabe 22 * *

Sie fragen: »Wie lautet Ihre Telefonnummer?« Der Gedächtniskünstler antwortet: »Ein Bett steht lichterloh brennend auf dem Damm. Das Feuer ist geformt wie eine Rose.« Welche Nummer notieren Sie?

91 13 84 40. Nach dem Major-System steht Bett für 91, Damm für 13, Feuer für 84 und Rose für 40.

Aufgabe 23 * *

Finden Sie alle Paare natürlicher Zahlen (a;b), welche die Gleichung $2a + 3b = 27$ erfüllen.

Wir bringen 3b auf die andere Seite und klammern dort 3 aus.

$$2a = 27 - 3b$$
$$2a = 3(9 - b)$$

a muss ein Vielfaches von 3 sein, also setzen wir $a = 3n$ in die Gleichung ein und erhalten:

$$2n = 9 - b$$

Lösungen gibt es nur für ungerade b, in Frage kommen 1, 3, 5, 7, 9. Daraus ergeben sich die Lösungspaare (12; 1), (9; 3), (6; 5), (3; 7) und (0; 9).

Aufgabe 24 * *
Warum endet eine Quadratzahl niemals auf 7?

Wenn a eine beliebige natürliche Zahl > 0 ist und b eine einstellige natürliche Zahl, lässt sich jede natürliche Zahl in der Form $10a + b$ darstellen, wobei b der Einer dieser Zahl ist. Als Quadrat dieser Zahl ergibt sich $100a^2 + 20ab + b^2$. Der Einer des Quadrats ist deshalb identisch mit dem Einer von b^2. Das Quadrat einstelliger Zahlen endet auf die Ziffern 0, 1, 4, 9, 6 oder 5 – deshalb kann eine Quadratzahl niemals auf 7 enden – und übrigens auch nicht auf 2, 3 oder 8.

Auf welche Ziffer eine Quadratzahl endet, hängt einzig und allein von der letzten Ziffer der Zahl ab, die man quadriert.

Aufgabe 25 * * *
Beweisen Sie, dass der halbe Umfang eines Dreiecks stets größer ist als jede seiner drei Seiten!

In einem Dreieck ist die Summe zweier Seiten stets größer als die dritte Seite. Wir nehmen an, c ist die größte Seite. Dann gilt: $a + b > c$. Nun addieren wir auf beiden Seiten der Ungleichung c und teilen beide Seiten danach durch 2. Wir erhalten: $(a + b + c)/2 > c$. Damit haben wir gezeigt, dass der halbe Umfang größer ist als die größte Seite des Dreiecks. Also ist der halbe Umfang auch größer als die beiden anderen Seiten.

Aufgabe 26 *

Zeigen Sie, dass die Trachtenberg-Regel für die Multiplikation mit 12 stets zum richtigen Ergebnis führt.

Wenn ich schriftlich mit 12 multipliziere, schreibe ich die Zahlen dreimal untereinander, aber davon eine um eine Stelle nach links versetzt. Beim Zusammenrechnen verdopple ich dann stets eine Ziffer und addiere dazu ihren rechten Nachbarn – das entspricht genau der Trachtenberg-Regel für die 12.

Aufgabe 27 * *

Beweisen Sie, dass die Kreuzmultiplikation einer zweistelligen Zahl mit einer zweistelligen Zahl zum richtigen Ergebnis führt.

Die beiden Zahlen lauten ab und cd – a, b, c, d sind einstellige natürliche Zahlen. Dann ist das Produkt

$$(10a + b) \times (10c + d) = 100ac + 10(ad + bc) + bd$$

Dies entspricht genau der Rechenregel für das Kreuzprodukt.

Aufgabe 28 * * *

Zeigen Sie, dass die Trachtenberg-Regel für Rechnungen mal 6 funktioniert: Nimm die Zahl plus die Hälfte ihres Nachbarn und addiere 5, falls die Zahl ungerade ist.

Wir zeigen die Gültigkeit der Regel an einer vierstelligen Zahl mit den Ziffern a, b, c, d. Der Trick besteht darin, die 6 in $5 + 1$ zu zerlegen und die 5 noch mal als $1/2 \times 10$ zu schreiben. Wir rechnen:

$$\text{Produkt} = (1000a + 100b + 10c + d) \times 6$$

$$= (1000a + 100b + 10c + d) \times (1 + \frac{10}{2})$$

$$= 1000a + 100b + 10c + d + \frac{a}{2} \times 10000 + \frac{b}{2} \times 1000 + \frac{c}{2} \times 100 + \frac{d}{2} \times 10$$

Nun fassen wir die Faktoren vor gleichen Zehnerpotenzen zusammen:

$$\text{Produkt} = \frac{a}{2} \times 10000 + \left(a + \frac{b}{2}\right) \times 1000 + \left(b + \frac{c}{2}\right) \times 100 + \left(c + \frac{d}{2}\right) \times 10 + d$$

Dies entspricht exakt dem ersten Teil der Regel. Woher aber kommt die 5, die wir addieren, wenn eine Zahl ungerade ist? Ganz einfach: Wenn beispielsweise d ungerade ist, nehmen wir von dem Ausdruck $c + d/2$ genau $1/2$ weg, somit rechnen wir an dieser Stelle mit der ganzzahligen Hälfte von d. Das $1/2$ hat jedoch wie $c + d/2$ den Faktor 10, also wird es zur 5 und rutscht von der Zehnerstelle zur Einerstelle nach rechts.

Aufgabe 29 * * * *

Beweisen Sie die Trachtenberg-Regel für die Multiplikation mit 9. Rechts: Ziffer von 10 abziehen. Mitte: Ziffer von 9 abziehen plus Nachbar. Links: Nachbar minus 1.

Wir schreiben $9 = 10 - 1$ und setzen dies in die Multiplikation mit der vierstelligen Zahl abcd ein:

$$\begin{aligned}
\text{Produkt} &= (1000a + 100b + 10c + d) \times (10 - 1) \\
&= 10000a + 1000b + 100c + 10d \\
&\quad - 1000a - 100b - 10c - d
\end{aligned}$$

Wir haben nun ein kleines Problem: In dem Produkt dürfen keine negativen Ziffern auftauchen, der Einer beispielsweise kann unmöglich –d lauten. Wenn a > b ist, wäre auch die Tausenderstelle des Ergebnisses negativ. Wir lösen das Problem, indem wir uns jeweils eine Position weiter links eine 1 borgen, die dann bei der Position rechts daneben zu einer 10 wird. Aus der 10d ganz rechts wird so 10(d–1), und die dort weggenommene 10 schreiben wir vor –d (untere Zeile rechts) – aus 10d–d wird 10(d–1)+10–d! Genauso formen wir die übrigen Terme um:

$$\text{Produkt} = 10000(a-1) + 1000(b-1) + 100(c-1) + 10(d-1)$$
$$+ 1000(10-a) + 100(10-b) + 10(10-c) + 10-d$$

Wir sind so gut wie fertig – wir müssen nur noch die Faktoren vor den Zehnerpotenzen zusammenfassen:

$$\text{Produkt} = 10000(a-1) + 1000(9-a+b) + 100(9-b+c)$$
$$+ 10(9-c+d) + 10-d$$

Sie sehen: Die Trachtenberg-Methode basiert letztlich darauf, dass man Zahlen geschickt zerlegt und neu zusammenfasst.

Aufgabe 30 * * * *
Beweisen Sie die Trachtenberg-Regel für Multiplikationen mit 8. Sie lautet:
Rechts: Ziffer von 10 abziehen und verdoppeln.
Mitte: Ziffer von 9 abziehen und verdoppeln plus Nachbar.
Links: Nachbar minus 2.

Wir schreiben $8 = 10-2$ und setzen dies in die Multiplikation mit der vierstelligen Zahl abcd ein:

$$\text{Produkt} = (1000a + 100b + 10c + d) \times (10-2)$$
$$= 10000a + 1000b + 100c + 10d$$
$$- 1000 \times 2a - 100 \times 2b - 10 \times 2c - 2d$$

Wir haben nun das gleiche Problem wie bei der 9 (Aufgabe 29): Negative Ziffern sind nicht erlaubt, der Einer beispielsweise kann unmöglich $-2d$ lauten. Wir lösen das Problem, indem wir uns jeweils eine Position weiter links eine 2 borgen, die dann bei der Position rechts daneben zu einer 20 wird. Aus der 10d ganz rechts wird so $10(d-2)$ und die dort weggenommene 20 schreiben wir vor $-2d$ (untere Zeile). Genauso formen wir die übrigen Terme um:

$$\text{Produkt} = 10000(a-2) + 1000(b-2) + 100(c-2) + 10(d-2)$$
$$+ \ 1000(20-2a) + 100(20-2b) + 10(20-2c)$$
$$+ \ 20-2d$$

Wir fassen die Faktoren vor den Zehnerpotenzen zusammen und sind fertig:

$$\text{Produkt} = 10000(a-2) + 1000(2 \times (9-a)+b) + 100(2 \times (9-b)+c)$$
$$+ \ 10(2 \times (9-c)+d) + 2(10-d)$$

Aufgabe 31 **

Mit folgender Rechnung können Sie den Geburtstag einer Person herausfinden. Sie soll die Tageszahl ihres Geburtstages verdoppeln, 5 addieren und das Ergebnis mal 50 nehmen. Dazu muss sie dann die Monatszahl des Geburtstags addieren. Wenn Ihnen Ihr Gegenüber das Ergebnis der Rechnung nennt, können Sie sofort sagen, an welchem Tag und in welchem Monat dieser Geburtstag hat. Wie stellen Sie das an?

Wenn a, b, c und d einstellige natürliche Zahlen sind, dann lautet der Geburtstag $10a+b$ (Tageszahl) und $10c+d$ (Monatszahl). Wir rechnen:

$$((10a+b) \times 2+5) \times 50+10c+d = 1000a+100b+250+10c+d$$

Wenn wir davon 250 abziehen, erhalten wir eine höchstens vierstellige Zahl, bei der die ersten zwei Ziffern die Tageszahl und die letzten beiden die Monatszahl des Geburtstages sind.

Aufgabe 32 * *

Sie denken sich eine Zahl aus, multiplizieren sie mit 37, addieren 17, multiplizieren das Ergebnis mit 27, addieren 7 und dividieren das Ergebnis durch 999. Als Rest der Division erhalten Sie immer 466. Warum?

Wir rechnen $\dfrac{(37a+17)\times 27+7}{999}=\dfrac{999a+466}{999}$.

Der Rest ist stets 466.

Aufgabe 33 * *

Denken Sie sich drei verschiedene Ziffern aus. Addieren Sie alle sechs zweistelligen Zahlen, die Sie aus je zwei der gewählten Ziffern bilden können. Das Ergebnis teilen Sie durch die Summe der drei gewählten Zahlen. Zeigen Sie, dass dabei stets 22 herauskommt.

Die Ziffern sind a, b, c. Dann gibt es die sechs Zahlen ab, ac, ba, bc, ca, cb. Ihre Summe lautet $10\times(2a+2b+2c)+2a+2b+2c=22(a+b+c)$. Die Summe geteilt durch $a+b+c$ ergibt 22.

Aufgabe 34 * *

Denken Sie sich zwei beliebige dreistellige Zahlen aus. Daraus bilden Sie zwei sechsstellige Zahlen, indem Sie die erste einmal vor die zweite und einmal dahinter schreiben. Berechnen Sie die Differenz beider Zahlen und teilen Sie das Ergebnis durch die Differenz der dreistelligen Ausgangszahlen. Heraus kommt immer 999. Warum?

Die beiden dreistelligen Zahlen sind a und b, wobei $a > b$ ist. Die beiden sechsstelligen Zahlen lauten dann $1000a+b$ und $1000b+a$. Ihre Differenz ist $999a-999b$. Wenn wir diese Zahl durch $a-b$ teilen, ergibt sich 999.

Aufgabe 35 * * * *

Zwölf Kinder haben alle im selben Jahr Geburtstag, aber jedes in einem anderen Monat. Jedes Kind hat die Tageszahl mit der Monatszahl seines Geburtstags multipliziert. Beispiel: Wäre der Geburtstag der 8. April, käme als Produkt $8 \times 4 = 32$ heraus. Die Kinder nennen folgende Produkte: Nina 153, Helena 128, Nicolas 135, Max 81, Ruby 42, Hannah 14, Leo 300, Marlene 187, Adrian 130, Bela 52, Paul 3, Lilly 49. Wer hat wann Geburtstag?

Wir zerlegen jedes Produkt in seine Primfaktoren und schreiben alle damit möglichen Geburtstage auf. Wenn bei einem Kind nur ein Datum möglich ist, streichen wir bei allen anderen Kindern alle Daten aus demselben Monat. So schließen wir immer mehr mögliche Daten aus, bis nur noch eins pro Kind übrig bleibt.

Name	Produkt	Zerlegung	mgl. Daten	Geburtstag
Nina	153	$3 \times 3 \times 17$	17.9.	17.9.
Helena	128	$2 \times 2 \times 2 \times 2 \times 2 \times 2 \times 2$	16.8.	16.8.
Nicolas	135	$3 \times 3 \times 3 \times 5$	15.9. 27.5.	27.5.
Max	81	$3 \times 3 \times 3 \times 3$	9.9. 27.3.	27.3.
Ruby	42	$2 \times 3 \times 7$	14.3. 6.7. 21.2. 7.6.	7.6.
Hannah	14	2×7	14.1. 7.2. 2.7.	7.2.
Leo	300	$2 \times 2 \times 3 \times 5 \times 5$	30.10. 25.12.	25.12.
Marlene	187	11×17	17.11.	17.11.
Adrian	130	$2 \times 5 \times 13$	13.10. 26.5.	13.10.
Bela	52	$2 \times 2 \times 13$	26.2. 13.4.	13.4.
Paul	3	3	1.3. 3.1.	3.1.
Lilly	49	7×7	7.7.	7.7.

Aufgabe 36 *

In acht Kisten befindet sich die jeweils gleiche Menge Schrauben. Aus jeder Kiste werden 30 Schrauben entnommen. Danach sind in den acht Kisten noch genauso viele Schrauben wie anfangs in zwei Kisten. Wie viele Schrauben waren ursprünglich in einer Kiste?

Nach dem Herausnehmen der Schrauben hat sich die Menge auf ein Viertel reduziert. $8 \times 30 = 240$ Schrauben entsprechen deshalb 3/4 der ursprünglichen Schraubenmenge. Also gab es zu Beginn 320 Schrauben und pro Kiste 40.

Aufgabe 37 * *

Welchen Rest lässt das Quadrat 303030303^2 beim Teilen durch 303030302?

Wir bezeichnen den Teiler 303030302 mit a, 303030303^2 entspricht dann $(a + 1)^2 = a^2 + 2a + 1$. Diese Zahl lässt beim Teilen durch a den Rest 1.

Aufgabe 38 * * *

In der Ebene sind zwei Punkte A und B gegeben. Können Sie allein mit einem Zirkel einen Punkt C konstruieren, der auf der Geraden liegt, die A und B verbindet?

Wir gehen zunächst vor, als wollten wir die Strecke AB halbieren. Wir nehmen eine Distanz mit dem Zirkel, die etwa so lang ist wie der Abstand zwischen A und B. Wir stechen mit dem Zirkel in den Punkt A und ziehen oberhalb und unterhalb der gedachten Verbindung je ein Kreissegment. Dies wiederholen wir am Punkt B, ohne die mit dem Zirkel genommene Distanz zu verändern.

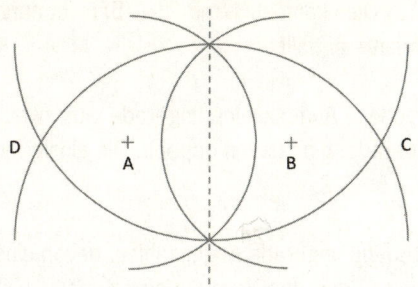

Die Kreissegmente schneiden sich oberhalb und unterhalb der gedachten Verbindung, es gibt zwei Schnittpunkte. Nun vergrößern wir die Zirkelspanne etwas und ziehen um beide zuvor konstruierte Schnittpunkte je einen Kreis mit demselben Durchmesser. Diese beiden Kreise schneiden sich in den zwei Punkten C und D, beide liegen auf der Geraden, die durch A und B führt.

Aufgabe 39 * * *

Bei diesem Würfelspiel gelten andere Regeln: Fällt eine gerade Augenzahl, wird diese Zahl dem eigenen Konto gutgeschrieben. Bei ungerader Augenzahl werden die Punkte abgezogen. Ein Spieler würfelt fünfmal hintereinander, zwei Augenzahlen sind identisch, alle anderen voneinander verschieden. Schließlich heben sich Plus- und Minuspunkte genau auf. Welche Augenzahlen hat er gewürfelt?

Gewürfelt werden 4 verschiedene Augenzahlen, eine davon zweimal. Die Anzahl ungerader Würfelzahlen muss gerade sein, damit sie sich mit den wie auch immer zusammengesetzten geradzahligen Augenzahlen aufheben kann. Es gibt daher 3 Varianten:

1) Zweimal gleiche Augenzahl ungerade plus 3-mal verschiedene Augenzahlen gerade. Einzig möglich bei den geraden Augenzahlen

ist $2 + 4 + 6 = 12$. Dies kann auch mit $2 \times (-5)$ nicht aufgehoben werden, die Variante entfällt.

2) Zwei verschiedene Augenzahlen ungerade plus zwei verschiedene gerade, eine davon doppelt. Die einzig mögliche Lösung ist -3, -5, 2, 2, 4.

3) Drei verschiedene ungerade Augenzahlen, davon eine doppelt, plus eine Augenzahl gerade. Diese Variante entfällt, weil die Minuspunkte größer als $1 + 3 + 5$ sind und von einer positiven Augenzahl nicht mehr aufgehoben werden können.

Aufgabe 40 * * * *

5 verfeindete Mafiosi treffen sich um Mitternacht auf einem düsteren Platz, um die Waffen sprechen zu lassen. Sie stehen alle unterschiedlich weit voneinander entfernt. Jeder hat genau einen Schuss im Revolver und schießt Punkt null Uhr auf seinen nächsten Nachbarn und trifft ihn tödlich. Zeigen Sie, dass mindestens einer der Gangster überlebt!

Weil die Abstände der Mafiosi zueinander verschieden sind, gibt es 2 Männer, die den kürzesten Abstand zueinander haben. Diese schießen aufeinander und sind beide tot. Nun müssen wir 2 Fälle unterscheiden:

1) Keiner der 3 verbliebenen Mafiosi schießt auf einen der ersten beiden Gangster. Dann gibt es unter diesen 3 Männern 2, deren Abstand der geringste ist. Diese beiden erschießen sich gegenseitig, der dritte Mann überlebt.
2) Einer der beiden zuerst betrachteten Männer wird von mindestens einer weiteren Kugel getroffen. Dann bleiben für die 3 Männer höchstens noch 2 Kugeln übrig – also muss mindestens einer überleben.

Aufgabe 41 * *

Sie bitten einen Zuschauer, eine beliebige vierstellige Zahl auf einen Zettel zu schreiben. Er wählt 3485. Sie schauen sich diese Zahl kurz an und notieren dann 23483 auf einen Zettel, den Sie niemandem zeigen und zusammengefaltet auf den Tisch legen. »Wir rechnen nun nach Ihren Vorgaben ein bisschen mit Ihrer Zahl«, sagen Sie, »aber ich weiß jetzt schon, was am Ende herauskommt.« Der Zuschauer darf nun zwei weitere beliebige vierstellige Zahlen wählen – Sie ergänzen nach seiner Wahl jeweils eine von Ihnen gewählte vierstellige Zahl. Am Ende addieren Sie alle fünf Zahlen – und kommen genau auf 23483.

Beispielrechnung:

Erste Zahl des Zuschauers:	3485
Zweite Zahl des Zuschauers:	7852
Ihre erste Zahl:	2147
Dritte Zahl des Zuschauers:	4305
Ihre zweite Zahl:	5694
Summe:	23483

Wie funktioniert dieser Zahlentrick?

Wenn der Zuschauer seine zweite Zahl hingeschrieben hat, wählen Sie Ihre Zahl so, dass die Summe der beiden Zahlen 9999 ergibt. Dasselbe machen Sie auch bei der dritten Zahl. Bei 7852 lautet Ihre Wahl 2147, bei 4305 ist es 5694. Die Ziffern der beiden Zahlen ergeben in der Summe stets 9 und bei vier Ziffern daher 9999. Die Summe der fünf Zahlen ist daher stets: erste vom Zuschauer gewählte Zahl plus $2 \times 9999 = \text{Zahl} + 20.000 - 2$.

Aufgabe 42 * *

Bitten Sie einen Zuschauer, zwei Würfel zu werfen. Sie drehen sich vorher um, denn Sie dürfen die Würfel nicht sehen. Nun soll der Zuschauer folgende kleine Rechnung ausführen: die geworfene Augenzahl des ersten Würfels verdoppeln und 5 hinzuaddieren. Das Ergebnis wird mit 5 multipliziert und dazu die Augenzahl des zweiten Würfels addiert. Lassen Sie sich das Ergebnis sagen – und Sie können sofort die beiden Augenzahlen nennen. Warum?

Die gewürfelten Augenzahlen sind a und b. Dann rechnet der Zuschauer: $(2a + 5) \times 5 + b = 10a + 25 + b$. Wenn Sie vom Ergebnis seiner Rechnung 25 abziehen, erhalten Sie $10a + b$. Weil a und b einstellige Zahlen sind, entsprechen Zehner und Einer genau den beiden gewürfelten Augenzahlen.

Aufgabe 43 * * *

Berechnen Sie die Summe der Quersummen aller Zahlen von 1 bis 100.

Die Summe der Quersummen von 1 bis 9 ist 45 $(1 + 9 + 2 + 8 + 3 + 7 + 4 + 6 + 5)$. Von 10 bis 19 ist die Summe 45 (für die Einer) plus 10×1 (für die 1 der Zehnerstelle). Von 20 bis 29 erhalten wir $45 + 10 \times 2$ und so weiter. Von 90 bis 99 ergibt sich $45 + 10 \times 9$. Fehlt noch die 100, deren Quersumme ist 1. Die gesuchte Gesamtsumme ist deshalb $10 \times 45 + 10 \times (1 + 2 + 3 + ... + 8 + 9) + 1 = 20 \times 45 + 1 = 901$.

Aufgabe 44 * * *

In diesem Kapitel beschreibe ich Ihnen einen Zahlentrick mit der 11-stelligen Seriennummer von Euroscheinen. Die Seriennummer von Dollarnoten enthält aber nur 8 Ziffern. Wie müssen Sie den Trick für Euroscheine anpassen, damit er auch mit Dollarnoten funktioniert?

Sie lassen sich wie beim Trick mit Euroscheinen alle Paarquersummen nennen – es sind dann nur 7. Danach fragen Sie noch nach der Quersumme aus zweiter und letzter Ziffer, diese schreiben Sie als letzte in die Reihe der Quersummenpaare. Das erste Quersummenpaar ganz vorn ignorieren Sie bei der Berechnung der alternierenden Quersumme. Sie addieren also Quersumme 2 plus Quersumme 4 plus Quersumme 6 plus Quersumme 8 und ziehen davon die Quersummen 3, 5 und 7 ab. Die Hälfte des Ergebnisses liefert die zweite Ziffer der

Seriennummer. Die übrigen Ziffern rechnen Sie dann genauso aus wie bei den Euro-Noten.

Aufgabe 45 * * *
Warum funktioniert der letzte in diesem Kapitel beschriebene Kartentrick?

Auf dem Tisch liegen offen die 3 gezogenen Karten. Wir nehmen die 3 Stapel auf – es sind insgesamt $52 - 3 = 49$ Karten. Die gezogene Karte befindet sich an 11. Stelle von unten – von oben ist dies die Position 39. Die Karten auf dem Tisch haben die Werte a, b, c, die Werte liegen zwischen 1 und 13. Zu den Stapeln lege ich $13 - a$, $13 - b$ und $13 - c$ Karten. Damit hat der ursprüngliche große Stapel $39 - a - b - c$ Karten weniger. Als Nächstes nehme ich von dem Stapel $a + b + c$ Karten weg. Wenn ich die letzte Karte in die Hand nehme, habe ich von dem ursprünglichen Stapel aus 49 Karten insgesamt $39 - a - b - c + (a + b + c) = 39$ Karten weggenommen. Die 39. Karte ist deshalb genau die gesuchte, vom Zuschauer anfangs gezogene Karte.

Glossar

Axiom Axiome sind Grundsätze einer Theorie, die nicht aus anderen Aussagen abgeleitet sind. Mathematische Beweise fußen auf Axiomen, diese werden als wahr vorausgesetzt. Ein Beispiel-Axiom aus der Arithmetik: Jede natürliche Zahl n hat genau einen Nachfolger $n + 1$. Dieses Axiom definiert gewissermaßen die Menge der natürlichen Zahlen.

Basis Bei einer Potenz a^b bezeichnet man a als Basis, b ist der Exponent.

Beweis Ein Beweis ist der Nachweis der Richtigkeit einer Aussage. Als Grundlage dafür dienen Axiome, die als wahr vorausgesetzt werden, und andere Aussagen, die zuvor bereits bewiesen worden sind.

Binomische Formel $(a + b)^2 = a^2 + b^2 + 2ab$ und $(a - b)(a + b) = a^2 - b^2$ bezeichnet man als binomische Formeln. Auch $(a - b)^2 = a^2 + b^2 - 2ab$ gilt als binomische Formel, streng genommen handelt es sich dabei allerdings um die erste Formel, nur dass für b darin $-b$ eingesetzt wird.

Chi-Quadrat-Anpassungstest Mit dem Chi-Quadrat-Anpassungstest prüft man in der Statistik, ob Zahlen aus einer Stichprobe einer bestimmten hypothetischen Verteilung genügen. Beispiel Würfeln: Wir würfeln 60-mal und notieren die Augenzahlen. Es ist unwahrscheinlich, dass jede der Zahlen von 1 bis 6 genau zehnmal gewürfelt wurde. Wir nehmen aber trotzdem an, dass die Augenzahlen gleich verteilt sind. Mit dem Chi-Quadrat-Anpassungstest können wir prüfen, ob die im Experiment erhaltene Verteilung der Augenzahlen – statistisch gesehen – zu einer Gleichverteilung passt.

Exponent Bei einer Potenz a^b bezeichnet man a als Basis, b ist der Exponent.

Funktion Eine Funktion ist eine Abbildung zwischen Mengen. Jedem Element der einen Menge (x) wird ein Element der anderen Menge zugeordnet (y). Man schreibt $y = f(x)$.

Kongruenz Zwei geometrische Figuren sind zueinander kongruent, wenn man sie durch Parallelverschiebung, Drehung, Spiegelung oder eine Kombination dieser drei Operationen ineinander überführen kann.

Kreiszahl Pi Pi ist eine mathematische Konstante. Sie ist definiert durch das Verhältnis von Kreisumfang zu Kreisdurchmesser. Pi ist eine irrationale Zahl. Die ersten Stellen lauten: 3,14159...

Kreuzprodukt In der Arithmetik versteht man unter dem Kreuzprodukt eine Methode, mit der man die Ziffern des Produktes zweier Zahlen berechnet, die beide mindestens zweistellig sind. Beispiel: 23×41. Einer: $3 \times 1 = 3$. Zehner: $3 \times 4 + 2 \times 1 = 14$, also 4 und 1 gemerkt. Hunderter: $2 \times 4 + 1$ (gemerkt) $= 9$. Ergebnis: $23 \times 41 = 943$.

Logarithmus/logarithmieren Der Logarithmus einer Zahl b zur Basis a ist jene Zahl x, welche die Gleichung $b = a^x$ erfüllt. Man schreibt auch $x = \log_a b$. Logarithmieren heißt nichts anderes, als den Logarithmus einer Zahl berechnen.

Menge In der Mengenlehre, einem Teilgebiet der Mathematik, werden einzelne Elemente, zum Beispiel Zahlen, zu einer Menge zusammengefasst. Eine Menge kann unendlich viele Elemente enthalten, wie etwa die Menge der natürlichen Zahlen, oder kein einziges. Dann spricht man von einer leeren Menge. Beim Vergleich zweier oder mehrerer Mengen interessieren sich Mathematiker oft für jene Elemente, die zugleich in allen Mengen enthalten sind, oder jene, die mindestens zu einer Menge gehören.

Modulo Mathematiker benutzen den Ausdruck Modulo, abgekürzt mod, um den Rest einer natürlichen Zahl beim Teilen durch eine andere natürliche Zahl anzugeben. Den Rest von 8 bei der Division durch 3 schreiben sie folgendermaßen: 8 mod 3 = 2. Die Regeln für die Resteberechnung beim Addieren und Multiplizieren lauten:

$(b \times a) \bmod n = b \times (a \bmod n)$

$(a + b) \bmod n = a \bmod n + b \bmod n$

Möbiusband Ein Möbiusband ist eine zweidimensionale Struktur in der Topologie. Es entsteht, wenn man einen langen Streifen Papier zu einem unverdrehten Ring zusammenlegt, ein Ende um 180 Grad dreht und dann beide Enden zusammenklebt. Beim Möbiusband kann man weder zwischen oben und unten noch zwischen innen und außen unterscheiden.

Nenner Eine rationale Zahl r kann stets als Bruch oder Quotient zweier ganzer Zahlen a und b dargestellt werden: $r = a/b$. Dabei bezeichnet man a als Zähler und b als Nenner.

Polygon Ein Polygon, auch Vieleck genannt, ist eine geometrische Figur in der Ebene mit mindestens drei Ecken. Die Ecken sind miteinander durch Linien verbunden, sodass eine von dem Polygon eingeschlossene Fläche entsteht.

Polynom Ein Polynom ist eine Summe von Vielfachen von Potenzen einer oder mehrerer Variablen. Als Exponenten sind nur natürliche Zahlen erlaubt. Ein Polynom kann in der Form $a_n x^n + a_{n-1} x^{n-1} + \ldots + a_1 x + a_0$ geschrieben werden.

Potenz Eine Potenz ist eine Zahl, die in der Form a^b dargestellt werden kann. Dabei bezeichnet man a als Basis, b ist der Exponent.

Primzahl Eine Primzahl ist eine natürliche Zahl größer als 1, die nur durch 1 und durch sich selbst teilbar ist.

Quadratwurzel Die Quadratwurzel der Zahl x ist jene Zahl y, für die gilt $y^2 = x$. Man schreibt $y = \sqrt{x}$.

Quadrieren Wenn man eine Zahl quadriert, multipliziert man sie mit sich selbst.

Quersumme Die Quersumme ist die Summe der Ziffernwerte einer Zahl. Ein Beispiel: $111: 1 + 1 + 1 = 3$.

Quotient Ein Quotient ist ein Bruch, also eine Zahl der Form a/b.

Satz Ein Satz ist eine Aussage in der Mathematik, die bewiesen werden muss. Grundlage dafür sind Axiome und andere Sätze, deren Richtigkeit schon bewiesen wurde.

Summand Als Summanden bezeichnet man eine Zahl, die zu einer anderen addiert wird.

Teiler Der Teiler t einer natürlichen Zahl a lässt keinen Rest, wenn man a durch t dividiert. Der Teiler ist selbst auch eine natürliche Zahl.

Term Ein Term ist ein mathematischer Ausdruck, der Zahlen, Variablen, Symbole mathematischer Operationen wie plus und minus sowie Klammern enthalten kann. Ein Beispiel für einen Term ist $ax + 5$.

Topologie Die Topologie ist ein Teilgebiet der Mathematik. Sie untersucht die Eigenschaften geometrischer Körper, die sich durch Verformungen nicht ändern. Eine Tasse und ein Donut sind beispielsweise topologisch gesehen gleich.

Ungleichung Eine Ungleichung besagt, dass zwei Ausdrücke links und rechts vom Ungleichheitszeichen unterschiedlich groß sind.

Variable Eine Variable steht für eine Zahl, deren Größe nicht oder noch nicht festgelegt ist. Variablen werden daher von Buchstaben repräsentiert.

Winkelsumme Die Summe der Innenwinkel in einem Dreieck beträgt 180 Grad. In einem Viereck sind es 360 Grad. Die allgemeine Formel für ein n-Eck lautet: $(n-2) \times 180$ Grad.

Wurzel Mit Wurzel ist meist die Quadratwurzel einer Zahl x gemeint, also jene Zahl y, für die gilt $y^2 = x$. Man kann auch die dritte oder allgemein die n-te Wurzel einer Zahl berechnen, also die Zahlen q und r suchen, für die gilt $x = q^3$ beziehungsweise $x = r^n$. Man schreibt $q = \sqrt[3]{x}$ und $r = \sqrt[n]{x}$.

Zahl, ganze Die Menge der ganzen Zahlen umfasst alle natürlichen Zahlen und deren Inverse (negatives Vorzeichen).

Zahl, irrationale Eine irrationale Zahl ist eine unendliche, nichtperiodische Zahl, die sich nicht als Quotient zweier ganzer Zahlen darstellen lässt. Die Wurzel aus 2 und die Kreiszahl Pi sind zum Beispiel irrationale Zahlen.

Zahl, natürliche Die Menge aller natürlichen Zahlen ist folgendermaßen definiert: Die kleinste natürliche Zahl ist die 0. Jede natürliche Zahl n hat genau einen Nachfolger $n+1$. Alle natürlichen Zahlen >0 haben genau einen Vorgänger.

Zahl, rationale Eine rationale Zahl r lässt sich stets als Quotient zweier ganzer Zahlen a und b darstellen: $r=a/b$. Wobei b ungleich 0 ist.

Zahl, transzendente Eine Zahl t heißt transzendent, wenn kein Polynom mit rationalen Koeffizienten existiert, das die Zahl t als Nullstelle hat. Die Kreiszahl Pi ist ein Beispiel dafür.

Zähler Eine rationale Zahl r kann stets als Bruch oder Quotient zweier ganzer Zahlen a und b dargestellt werden: $r=a/b$. Dabei bezeichnet man a als Zähler und b als Nenner.

Zehnerlogarithmus Der Zehnerlogarithmus ist der Logarithmus einer Zahl zur Basis 10.

Danksagung

Es hat großen Spaß gemacht, dieses Buch zu schreiben. Allein habe ich das natürlich nicht geschafft. Ganz besonders bedanken möchte ich mich bei meiner Lektorin Sandra Heinrici vom Verlag Kiepenheuer & Witsch, die bereits mein zweites Mathebuch betreut hat – und zwar so, wie man sich das als Autor wünscht. Ein großes Dankeschön geht außerdem an Moritz Firsching für die Prüfung der sperrigen Geometrie-Beweise, meine Literaturagentin Angelika Mette vom SPIEGEL-Verlag sowie an Thomas Vogt und Günter M. Ziegler für die vielen anregenden Gespräche über Mathematik. Bedanken möchte ich mich auch bei meiner Familie, die mich öfters tief in Gedanken versunken ertragen musste.

Register

Sachregister

1 aus 21 227 ff.
Achteck 42, 44 f., 47
Alter erraten 183–187
Alternierende Quersumme 67 f.,
  75 f., 254, 272
Altweiberknoten 88–91
Augenzahl erraten 219, 271 f.
Ausgewogenheit 105
Balthus 107 ff.
Binomische Formel 14, 27, 29,
  274
Bowtie (Fliege) 93, 96
Cavendish 107 f.
Chi-Quadrat-Anpassungstest 206,
  274
Datum 172–176, 183, 267
Dominosteine 8, 213, 216, 221
Doppelknoten 83, 89
Ei 39 f., 42, 122
Einermethode 169 ff.
Einmaleins 13, 160
Elementarbewegung 101, 103 ff.,
  108 f.
Elferprobe 76 f.
Ellipse 39–42
Ergänzungsrest 73 ff.
Eselsbrücken 118 ff.
Euler-Mascheroni-Konstante 198
Fibonacci-Zahlen 177–179
Fliege (Bowtie) 93, 96
Foata-Han-Lass-Formel 201

Four-in-Hand 103 f., 106, 108 f.
Fünfeck 42, 47–53, 57, 244–248
Fünfeckknoten 50–53, 57
Gärtnerkonstruktion 41
Geburtsjahr 165, 183 ff.
Gedächtniskünstler 121, 127, 132,
  260
Gedächtnistraining 131
Gehirntraining 131
Geldschein 186 f., 213, 216,
  224 f.
Geschwistersammelbilder-
  problem 200–205
Grantchester 107 f.
Hanover 107 f.
Harmonische Reihe 198
Iterationen 117
Jahreszahl 118, 173–176, 184
Jahrhundertzahl 175
Kalenderrechnen 66, 167,
  172–176
Kartentrick 216, 227, 229, 231,
  235, 237, 273
Kelvin 86, 106, 108
Knotenstatus 106
Knotentheorie 83, 85 f., 91, 94 f.
Krawatte 98–110, 257
Krawattenende, aktives 99–102,
  105
Krawattenende, passives 99 f.,
  102, 104, 106

Krawattenknoten 83, 98 f., 102, 104
Kreiszahl Pi 54, 116 f., 128, 275, 278
Kreuzknoten 86, 88–91
Kreuzmultiplikation 34, 161 f., 164, 262
Kreuzprodukt 138, 160–163, 262, 275
Kubikwurzel 169
Kubikzahlen 27 f., 118, 168–172
Laufschuh 97
Löcherpaar 91–98, 110 f., 258
Loci-System 129 f.
Logarithmus 172, 198, 275, 278
Major-System 121 f., 125–128, 130, 260
Marathonschnürung 97 f.
Märchenzahl 59, 62, 69–75
Mnemotechnik 119, 121, 129 ff.
Möbiusband 213–216, 276
Modulo 66, 173, 176, 275
Monat 173 f., 183, 189 f., 265, 267
Monatszahl 174, 189 f., 265, 267
Multiplikation mit 3 157–160
Multiplikation mit 4 156 f.
Multiplikation mit 5 17, 151 f.
Multiplikation mit 6 147 ff., 160
Multiplikation mit 7 149 f.
Multiplikation mit 8 19, 154 f., 160, 164, 264
Multiplikation mit 9 20 f., 36, 137, 153 f., 160, 164, 186, 251, 263
Multiplikation mit 11 21 ff., 137, 142–145, 156, 262
Multiplikation mit 12 24 f., 145 f., 160, 164, 262
Multiplikation mit 15 25 f.

Multiplikation mit 25 20 f.
Multiplikation mit 27 20
n-Eck 47, 58, 252, 259, 277
Neuner-Kartentrick 231 f.
Neunerprobe 76 f.
Nicky 106, 108 f.
Oriental 104, 106, 108
Origami 7, 50
Origamics 50, 57
Palstek 83 f.
Panini 195, 198 f., 201, 203–206
Partialsumme 198
Pi 54, 116 ff., 121, 127 f., 130, 275, 278
PIN merken 115, 119 f., 123, 130
Pizza teilen 7, 39, 44–47, 54, 57
Plattsburgh 106, 108
Polygon 47, 276
Potenz 167–171, 274 ff.
Primzahl 79, 118, 256 f., 276
Quadratwurzel 276 f.
Quadratzahlen 28, 118, 132, 261
Quersumme 59, 62–65, 67 f., 75 ff., 186 f., 223 f., 231 f., 237, 272, 276
Sammelalbum 193 f., 200, 208
Sammelbilderproblem 194 ff.
Schaltjahr 174 ff.
Schaltjahreskorrektur 176
Schnellrechensystem 25, 135, 138, 142, 167
Schleife 83, 87 f., 90 f., 94 f., 98
Schnapszahl 33, 36, 251
Schnürfamilien 93
Schnürsenkel 85–98, 257 f.
Schotstek 83
Schuh 83, 87–97, 109 f., 258
Sechseck 42, 45 ff.
Sequenzen 117

Seriennummer 186f., 223f., 237, 272f.
Spiegelzahl 117, 181ff.
Spielkarten 8, 213, 216, 221, 226f.
St. Andrew 106, 108
Sternschnürung 91, 93f.
Symmetrie 40, 52f., 56f., 105, 108
Tageszahl 173, 189f., 265, 267
Teilbarkeitsregel 63, 68, 73
Teiler 61f., 67ff., 72ff., 76f., 255f., 268, 277
Telefonnummer merken 115, 117f., 130, 132, 260
Topologie 84f., 98, 276f.
Torte teilen 7
Trachtenberg-Methode 8, 25, 34, 133–164, 167, 262ff.
Überkreuzschnürung 91, 93f., 96, 110, 258

Viktoria 106, 108
Windsor 105, 107ff.
Windsor, halber 106, 108
Winkel dritteln 45, 54–58, 253
Winkelhalbierende 42, 57
Wochentag 172f., 176
Würfel 8, 121f., 194, 209, 211, 213, 216–219, 236f., 269, 271f., 274
Würfeltrick 217ff.
Wurzel ziehen 163, 167–172, 277
Zahl erraten 187f., 219, 223f.
Zahl vorhersagen 8, 179, 181
Zahlenfolge 116, 177
Zahl-Form-System 121, 123f., 125
Zahl-Symbol-System 121–124, 127f.
Zehnerpäckchen 15
Zehnerpotenzen 64–68, 251, 263ff.
Zickzackschnürung 93f., 96f.

Personenregister

Beutelspacher, Albrecht 184
Cicero 129f.
Cutler, Ann 159f., 163
Duch, Meike 116f., 121, 127f.
Fibonacci, Leonardo 177
Fieggen, Ian 90
Fink, Thomas 98f., 104f., 107f.
Gardner, Martin 186, 235
Gauß, Carl Friedrich 16, 47
Hérigone, Pierre 130
Lu, Chao 117
Mao, Yong 98f., 104f., 107f.
McShane, Rudolph 160, 163
Menninger, Karl 73

Mink von Wennsheim, Stanislaus 130
Mittring, Gert 171f.
Polster, Burkard 90, 93–96, 98, 111, 258
Simonides 129
Skopas 129
Stollwerck, Franz 193
Trachtenberg, Jakow 8, 135f., 138f., 142, 147, 153, 156, 160f., 167
Wantzel, Pierre Laurent 54
Zeilberger, Doron 201

Holger Dambeck. Je mehr Löcher, desto weniger Käse.
Mathematik verblüffend einfach. KiWi 1234

Mathematik: Die einen lieben sie, die anderen bekommen
Albträume. Dabei hat jeder von uns tief in sich viel für
Zahlen übrig. Selbst Affen, Raben und Bienen tun es: rechnen. Holger Dambeck schlägt den Bogen vom angebore-
nen Zahlensinn über verblüffend einfache Tricks bis hin
zur Eleganz mathematischer Beweise – und liefert spannende Einblicke in die faszinierende Welt der Mathematik. Dieses Buch zeigt spielerisch und unterhaltsam, was
Mathematik wirklich ist: Spaß am kreativen Denken!

www.kiwi-verlag.de

Martin Doerry/Markus Verbeet (Hg.). Wie gut ist Ihre Allgemeinbildung? Der große SPIEGEL-Wissenstest zum Mitmachen. KiWi 1162

Nur Mut – testen Sie jetzt Ihr Allgemeinwissen!

Über 600.000 Leser haben am großen SPIEGEL-Wissenstest im Internet teilgenommen, dem bisher größten Test des Allgemeinwissens in Deutschland. Nur 26 von ihnen konnten alle Fragen richtig beantworten. Und wie steht es um Ihre Allgemeinbildung?

Ein Buch für alle Fälle

Bastian Sick. Der Dativ ist dem Genitiv sein Tod. Folge 5.
KiWi 1312

Kommt dämlich von der Dame und herrlich vom Herrn?

Unterhaltsam und witzig löst Bastian Sick dieses und andere Rätsel der deutschen Sprache und zeigt auch im fünften Band der erfolgreichen Kultserie: Man lernt nie aus!

www.kiwi-verlag.de

Stefan Schultz. »Wer lacht, hat noch Reserven«. Die schönsten
Chef-Weisheiten. KiWi 1263

Merkwürdige Motivationstechniken, seltsame Sprachbil-
der, weltfremde Weisheiten: Die Chefetagen vieler Firmen
werden von Motivationsrambos und Code-Meistern be-
völkert. Tausende von Angestellten haben ihre Perlen der
Chef-Weisheiten an SPIEGEL ONLINE geschickt. Und mehr
als 10 Millionen Leser haben die Rubrik binnen kürzester
Zeit aufgerufen. Dieses Buch versammelt die skurrilsten,
lustigsten und besten Chef-Sprüche der Nation.

 www.kiwi-verlag.de

Jochen Leffers. Kollegen sind die Pest. Das Lästerlexikon.
Mit zahlreichen Cartoons von Leo Leowald. KiWi 1320

Man kann sich ja nicht aussuchen, mit wem man den Arbeitstag verbringt: Rechts kauert die Schweigerin mit den periodischen Wutanfällen, links lauert der schon früh-morgens fröhliche Ganzjahreskarnevalist – und der Chef ist immer gerade unterwegs und heimst das Lob für die Arbeit seiner Mitarbeiter ein. Wo Menschen zusammenarbeiten, wird geflucht, gespottet und gelacht – denn nichts macht bessere Laune, als über Kollegen herzuziehen. Dieses Lexikon hilft dabei!

www.kiwi-verlag.de

Tom König. Ich bin ein Kunde, holt mich hier raus. Irrwitziges
aus der Servicewelt. Mit zahlreichen Illustrationen von Greser
& Lenz. KiWi 1293

Liebe Kunden,

wir bieten Ihnen heute: die irrwitzigsten Geschichten aus
der Servicewelt. SPIEGEL-ONLINE-Kolumnist Tom König ver-
rät Ihnen, warum Apotheker so gern Zink empfehlen, wieso
Waffeleis nicht im Sitzen verzehrt werden darf, wie viel
Vanille im Vanillejoghurt ist und wie Telefongesellschaften
Vertragskündigungen unmöglich machen wollen. Greifen
Sie zu! Das Buch zur erfolgreichen SPIEGEL-ONLINE-Kolum-
ne »Warteschleife. Mein Leben als Kunde.«

www.kiwi-verlag.de